光明社科文库
GUANGMING DAILY PRESS:
A SOCIAL SCIENCE SERIES

·政治与哲学书系·

为生民立命

周辅成伦理思想研究

王毅真 | 著

光明日报出版社

图书在版编目（CIP）数据

为生民立命：周辅成伦理思想研究 / 王毅真著．--北京：光明日报出版社，2023.4
ISBN 978-7-5194-7169-9

Ⅰ.①为… Ⅱ.①王… Ⅲ.①周辅成（1911—2009）—伦理思想—研究 Ⅳ.①B82-092

中国国家版本馆 CIP 数据核字（2023）第 072495 号

为生民立命：周辅成伦理思想研究
WEI SHENGMIN LIMING：ZHOUFUCHENG LUNLI SIXIANG YANJIU

著　　者：王毅真	
责任编辑：梁永春	责任校对：张慧芳
封面设计：中联华文	责任印制：曹　诤

出版发行：光明日报出版社
地　　址：北京市西城区永安路 106 号，100050
电　　话：010-63169890（咨询），010-63131930（邮购）
传　　真：010-63131930
网　　址：http://book.gmw.cn
E - mail：gmrbcbs@gmw.cn
法律顾问：北京市兰台律师事务所龚柳方律师
印　　刷：三河市华东印刷有限公司
装　　订：三河市华东印刷有限公司
本书如有破损、缺页、装订错误，请与本社联系调换，电话：010-63131930

开　　本：170mm×240mm	
字　　数：186 千字	印　　张：15
版　　次：2023 年 4 月第 1 版	印　　次：2023 年 4 月第 1 次印刷
书　　号：ISBN 978-7-5194-7169-9	

定　　价：95.00 元

版权所有　翻印必究

序

近代以来，面对"三千年未有之变局"，如何吸收借鉴西方文化的合理之处，重新审视、发掘中国传统文化，扬其精华，去其糟粕，通过创造性转化，最终实现中西文化的融合会通，是中华民族面临的历史选择，也是哲人志士们一直孜孜以求的根本主题。随着时势的发展演进，一代代思想家们从不同立场和角度展开了各种不同的探索，给出了各自不同的阐释和回答，为后来者留下了深刻的启迪或警示。

著名伦理学家周辅成先生就是其中杰出的代表之一。他生于辛亥革命同年、辞世于全球化鼎盛之时，时代的潮流赋予了周先生承前启后的特殊使命或角色，强烈的责任感和不懈的探索精神使其自觉地承担起这一使命，这一行为无可争辩地具有继往开来的重要地位和影响。

周辅成先生一生波澜起伏，几乎亲身经历过二十世纪中国的所有重大历史事变，也不可避免地为其所左右。周先生不是一般的见证者，而对这一切有着深沉的思考：思考其何以如此，探索如何才是吾国吾民的健全发展之道。周辅成的伦理思想便是在这样的历史背景下，基于这一宗旨而形成并演变的。周辅成的伦理思想内容丰富，既吸收了西方人文主义的思想精华，又融入了中华优秀传统文化所蕴含的现代元素。其对公正思想、人道主义思想以及中国儒家思想的总结和全新诠释尤其引人注目。就其来源而言，周辅成的伦理思想堪称中西伦理思想交融会通的结晶，受人文主义精神和启蒙思潮及中国传统的"人本"思想影响尤为深刻。在周辅成的思想观念里，人民的利益是至高无上的。因而，周辅成的伦理思想始终体现出深切的人文关怀、强烈的批判精神和"为生民立命"的责任担当。在方法论上，则表现出知行合一、中外会通、史论结合的特点。由此，周辅成伦理思想成了一个以坚持公平正义、崇尚人文精神为主旨的特色鲜明的伦理学理论。

与一些空谈责任、权利、义务、良心等概念的伦理学者迥然不同，周辅成极度强调社会公正问题的重要性。他认为"一部伦理学史几乎就是一部公正思想史"。之所以他认为要把公正作为伦理学的首要概念，是因为周辅成洞察到社会现实的政治、经济、文化等各方面道德问题最终都必然归结到公正这个核心概念上，正如约翰·罗尔斯（John Rawls）在《正义论》的开篇所言："正义是社会制度的首要价值，正像真理是思想体系的首要价值一样。"[1] 周辅成认为，公正成为问题，正是由于社会现实的"不公正"。在所有的伦理学概念中，公正最关乎人民大众的切身利益。与仁爱相比较，作为社会发展的最根本的道德推动力，公正比仁爱更重要。很多情况下"爱而不公正，比没有爱更为可怕、可恨"[2]。对中国先秦儒家来说，其仁爱观念固然重要，但其对公正的推崇更值得今天的人们所重视。基于此，周辅成对先秦儒家的"大同"理想、"为政以德"等政治主张进行了深刻而具体的诠释。

周辅成的社会主义人道主义思想以对人格尊严的尊重和人的生命价值的高扬为核心。在这一原则下，周辅成对中西方人道主义思想的发展

---

[1] [美] 约翰·罗尔斯. 正义论 [M]. 何怀宏，何包钢，廖申白，译. 北京：中国社会科学出版社，1988：3.
[2] 周辅成. 周辅成文集（卷Ⅱ）[M]. 北京：北京大学出版社，2011：461.

历程、发展规律和理论教训进行了全面而又系统的梳理、总结和分析。在他看来，无论是西方的古希腊哲学、文艺复兴时期的人文主义思潮，还是中国先秦儒家的伦理思想都以彰显人类自身尊严和价值为旨归，具有共性，又各有特色。先秦儒家所坚持的经由"仁爱""修己安人"以成圣贤的君子之道，本质上就是提升人的生命价值和道德境界。而"礼"也并非是对人性的约束，而是以"天道"的公正为前提的自由、秩序与和谐的"人道"。与西方以个人权利、个人自由、个性解放为出发点的人道主义不同，先秦儒家所具有的人道主义追求的是人的广大和谐的生命力量以及人的自我完善，进而表现出特有的人道主义价值诉求。

以公正思想、人道主义、民本观念等为重心，周辅成对儒家伦理思想进行了深入发掘和探究，并给出了全新的阐释，这是本书把他看作现代新儒家又一代表人物的主要原因。一般认为，儒家思想的精髓在于主张仁爱和以个人修养为主导的心性论。而在周辅成看来，儒家的这些思想固然重要，然而必须注意到，围绕政治和人民利益本身问题所表现出来的公正性才是这些思想的前提和条件。由此出发，周辅成对儒家伦理思想的"天人关系"给出了不同的解释，将其阐释为儒家"天下为公""民惟邦本"以及仁爱思想的形上依据。本书将周辅成对先秦儒家思想基本精神的理解概括为：天下为公，民惟邦本；循善而行，仁爱天下；儒分朝野，士志于道。纵观历史，千百年来，真正具有先秦儒家基本精神的儒家传人正是如此"守死善道"，做出不断努力和抗争。

周辅成伦理思想的理论和实践意义为学界所公认。其对中国伦理学未来发展的展望、定性和定位——伦理学应当是人民的伦理学，伦理学学术研究与现实政治必须保持一定的张力，伦理学应当致力于政治的伦理化及建立合乎道德的政治秩序，以正义的力量引领和提升现实政治——无疑为中国伦理学的未来发展指明了方向，具有重要的借鉴意义。而其对儒家文化的全新阐发更对认识和弘扬儒家文化、探索整个中国文化与社会的未来发展道路有着深刻的启迪意义。

二十一世纪的中国伦理学应该如何发展？为什么公正比仁爱更重要？在新的历史条件下，如何重新认识和弘扬儒家文化？……对于这一系列重大理论与实践问题，著名哲学家、伦理学家周辅成提出了诸多远超同道的真知灼见。这些深刻的伦理思想非常值得我们认真总结和发掘。令人喟叹的是，这样一位对推动二十世纪中国新伦理学建设有着巨大贡献的重要人物，其学术地位和思想价值，却一直未获得学界应有的重视。

毅真博士对周辅成思想的关注，源于一次特殊的机缘。周辅成先生曾任教于武汉大学哲学系，是武汉大学的校友、前贤。2013年，武汉大学校庆120周年之际，学校组织编纂各位前贤的文集，以志纪念。毅真博士在圆满完成各门学位课程之后，协助本人编纂《周辅成文集》。在这一过程中，周辅成思想既给予其诸多启迪，也激起其强烈共鸣。这一工作完成之后，当我们讨论博士论文的选题时，我俩不约而同地想到了周辅成的伦理思想，一致认为这是一个非常值得研究的主题。选题一确定，毅真博士便开始广泛收集、研读周辅成不同时期的思想文献及相关的研究成果，对周辅成伦理思想的各方面进行了全面的梳理、总结和评析，很快便拿出了初稿。经过反复修改，最终完成了这篇集中研究周辅成伦理思想的博士论文，将其提交并成功通过了答辩，并获得了各位专家的一致好评。

这应该是迄今为止第一篇专门探讨周辅成伦理思想的博士论文。专家们在评阅和答辩过程中，充分肯定了其理论价值，当然也提出了宝贵的修改建议。即将出版的这部书稿，是毅真在博士论文基础上，认真吸收专家们的建议，加以增补修改而成的。在不少方面，又有进一步的深化和完善，其理论价值随之有明显提升。综合专家们的评价和本人的观感，将要呈现于读者面前的这部书稿至少有以下三方面的新意和创获。

首先，作为第一部对周辅成伦理思想进行全面而系统研究的专著，在一定意义上，对周辅成思想的探索、发掘应具有开拓意义。

在充分借鉴、吸收已有研究成果的基础上，本书从思想来源、理论与方法论特征、公正思想、人道主义思想、对儒家文化的全新阐释等各方面，对周辅成伦理思想展开了全面而深入的研究，探其源流，理其脉络，辨其得失，对周辅成伦理思想的理论与实践意义以及其给后来者留下的问题进行了很好的总结评判。

其次，首次明确提出并论证了周辅成是现代新儒家的重要代表人物之一。

本书基于对周辅成关于儒家文化的全新诠释，特别是对其关于儒家文化中公正诉求的发掘的分析，将周辅成归入大陆新儒家的重要代表人物之一，指出其对儒家文化的解释和重新定性对于弘扬儒家文化无疑具有重要的启示意义。这在一定程度上丰富并完善了关于新儒家的研究，弥补了一个重要缺失。

其三，研究方法上亦有新的尝试。

本书不是只局限于周辅成伦理思想的文本本身，而是采用比较研究的方法对周辅成伦理思想的不同层面逐层加以解析，以理论与现实、历史与未来、实然与应然等相统一的整体视野来认识和评判其伦理思想的理论、现实意义以及有待发展之处。

作为该书稿的第一位读者，我为毅真博士这一著作的顺利出版由衷地感到高兴，作为第一部关于周辅成伦理思想的论著，其中难免会有某些不尽完美之处，希望毅真博士以此书为起点，今后在关于周辅成伦理思想及伦理学的研究中再攀高峰,有更多的成果问世;更重要的是,希望通过此书的出版启发更多的学者关注周辅成的伦理思想,更深入地发掘和弘扬周辅成伦理思想及其意义,使周先生的期望更早地在华夏大地上得以实现。

是为序。

储昭华

2022年夏于武汉大学哲学学院

目 录
CONTENTS

导论：一个未被足够重视的伦理学家 …………………………………… 1

第一章　周辅成其人及其伦理思想形成过程 ……………………… 12
　　第一节　周辅成生平简介 ………………………………………… 12
　　第二节　周辅成伦理思想发展历程 ……………………………… 16

第二章　周辅成伦理思想的来源、方法论和思想特征 …………… 43
　　第一节　周辅成伦理思想的来源 ………………………………… 43
　　第二节　周辅成伦理思想的方法论基础 ………………………… 66
　　第三节　周辅成伦理思想的特征 ………………………………… 74

第三章　周辅成的公正思想 ………………………………………… 83
　　第一节　周辅成对公正问题重要性的论证 ……………………… 84
　　第二节　周辅成对中外公正观念起源的探究 …………………… 93
　　第三节　周辅成对先秦儒、道、墨家公正思想的发掘 ………… 102

第四章　周辅成的人道主义思想·················118
第一节　周辅成对西方人道主义历程的总结及反思·······118
第二节　周辅成对先秦儒家思想人文精神的再认识·······123
第三节　周辅成对人道主义几个基本问题的看法·········136

第五章　周辅成对儒家伦理思想的全新解释···········145
第一节　周辅成对先秦儒家基本精神的发掘···········145
第二节　周辅成对天人关系的再解释···············172

第六章　周辅成伦理思想的理论实践意义及留下的问题···186
第一节　对弘扬儒家文化的启迪意义···············186
第二节　指明了中国伦理学的未来发展方向···········192
第三节　周辅成伦理思想留下的问题···············198

结　语···207

参考文献···210

后　记···224

导论：一个未被足够重视的伦理学家

周辅成（1911—2009），出生于四川江津。1933年，他毕业于清华大学哲学系，并在该校研究院继续研究哲学三年。在此后70多年的学术研究和教学生涯里，周辅成辗转于大半个中国：曾在四川担任国立编译编审；后在四川大学、金陵大学、华西大学、中山大学、武汉大学等多所高校任教；1952年全国大学院系调整之后，任北京大学教授，直至1986年退休。2009年5月22日，周辅成在北京逝世，享年98岁。周辅成是20世纪中国哲学家、伦理学大家。他不仅在学术上一生勤勉治学，建树丰硕，而且在艰难的环境下为新中国伦理学的学科建设发挥了奠基性作用。他人格高尚，正直无私，为人师表，诲人不倦。周辅成博大坦荡的胸襟和无比崇高的人格，展现了老一代知识分子的风骨和情怀。他一生忧怀天下，悲悯苍生，为百姓发声，"为生民立命"，是中国传统伦理学和伦理学家"知行合一""学命一体"的典范。

一、学贯中西的伦理学大家

周辅成的伦理学思想深刻而丰富。在其早年的学术历程里，周辅成的学术研究基本上都是在西方哲学领域内展开的。他对古希腊哲学、文艺复兴时期的伦理学、康德（Immanuel Kant，1724—1804）哲学情有独钟,并在这些研究方面取得了不菲的成就。通过对中外道德观念开端的研究和对人类社会道德发展规律的探索,周辅成认为,与其他各种伦理学范畴和概念相比,"公正"最为重要。在他看来,社会公正源于社会现实的"不公正",并发展为古今中外正直而有良知的人们所追求的社会理想。在周辅成的公正思想里表达着这样的理念:"人人需要公正,比每日需要吃饭还更迫切",[1]"只要人类不希望自己灭亡,这就是社会公正必然存在的依据,这个必然性是建立在现实性与普遍性之上的"[2]。古希腊哲学家对人的关注、文艺复兴运动和启蒙运动,以及以康德哲学为代表的义务论伦理学等承载的人文精神影响了他的一生。周辅成曾论及他的康德哲学研究,得出一个结论:如果康德哲学可用一个字来概括的话,那么这个字就是"人"。康德哲学的精髓就是"以人为目的",而不是把人当手段。这一认识对周辅成影响极为深刻,在他的伦理思想的方方面面都离不开这个"人"字。他的伦理思想一直坚持人道主义立场,即便是在"以阶级斗争为纲"的年代里也是这样。二十世纪八十年代中国兴起的人学研究在一定程度上受到了人道主义思想的影响。他在中国哲学研究方面也有极深的造诣。新中国成立之后,他曾在中国哲学教研室做过中国哲学史的专门研究,对中国哲学史的发展持有独特看法,并借鉴西学的思想方法来研究中国哲学,发掘出儒家伦理思想所表现出的人文精神及社会公正思想。在周辅成看来,中国哲学具有伦理性特征,因而对儒家思想的研究就必须从"人"的角度出发,发掘出有利于"人"的发展和解放的因素。只有抱着这样的思想宗旨来研究儒家伦理思想,才能使其发挥思想的现代价值。他认为,"以人为本"的思想不应当仅仅是流传于报纸、文件、文章里的空谈,而应

---

[1] 周辅成. 周辅成文集(卷Ⅱ)[M]. 北京:北京大学出版社,2011:367.
[2] 周辅成. 周辅成文集(卷Ⅱ)[M]. 北京:北京大学出版社,2011:367.

当真正地成为为人民服务的执政理念；同时，当代的知识分子也要从"人"的角度去观察和探求社会问题，像先秦儒家那样坚持"士志于道"的精神。由于兼具中、西方哲学深厚的学术素养，周辅成的伦理思想表现出中、西方哲学相互融合与贯通的思想特征。

正是这种中西方哲学的融通使得周辅成的伦理思想具有面向人民、面向未来的时代感；而另一方面，现实的社会道德发展状况也表明，周辅成的伦理思想正为这个时代所需要。改革开放几十年来，我们国家的社会经济、政治、文化等各方面都发生了巨大变化，经济的快速发展、政治体制的某些弊端、文化发展的多样性等把社会的根本问题——"人"的问题凸显出来。如果用伦理学的视角去观察和思考这些有关"人"的社会问题时，我们不难发现，这些问题恰恰集中在周辅成伦理思想所论述的几方面：社会公正问题、人道主义问题、思想启蒙的问题等。这些问题最终指向一个诉求：人的价值和尊严的神圣性要求人必须得到尊重，以个人为本位的道德伦理观念要求人在尽义务的同时必须获得相应的权利与自由。然而，传统的伦理学理论并不能很好地解决这些问题。它的一些口号式的理论条目不仅不能回应当代社会所呈现的复杂的伦理道德问题，反而成为某些利益集团谋取私利的借口。周辅成的伦理思想恰恰在尊重人的价值和维护人的尊严上体现出其独特的理论思想特征。他一方面提倡重视以个人为本位的人道主义，另一方面也坚持认为伦理学应该是人民的伦理学，伦理学理论要以人民大众的道德生活为基础。在研究伦理学时，周辅成都是以马克思主义人性论和实践论为基础的。他指出，"无论古今中外，公正都应当成为利于社会发展和人类道德进步的首要伦理道德观念"。他还认为："在道德认知上中国人需要更多的思想启蒙。在伦理学学科建设方面，面向21世纪的中国伦理学建设任重而道远。由于种种原因，伦理学作为哲学的一个分支，还没有真正地还原到它本来的面目。中国伦理学在其发展过程中，既需要与世界哲学、伦理学有更多的对话、交流和互动，又需要加强对中国传统优秀伦理思想的发掘和整理。"周辅成的这些远见卓识具有非同寻常的现实意义，他的伦理思想为中国伦理学的发展、探索和尝试提供了理论支撑和思想启迪。

事实上，作为哲学家、伦理学家的周辅成，其伦理思想长期以来未得到足够的重视。诚然，这与周辅成"述而不作"的学术风格和虚怀若谷的个人品格有关，但更多的是时代的阴差阳错和社会上某些势力的阻遏。他用一生的学术经历浓缩了一代知识分子的命运，在不堪回首的六十多年来的学术生涯里，"周辅成见证了中国思想、学术界遭遇的持续逆淘汰，他本人则不可避免地成了逆淘汰目标"。[①] 即使在改革开放以后，正直无私、坚持真理和正义的周辅成仍为一些社会力量所不容，屡受压制、冷落和打击。正因如此，长期以来，作为一名学贯中西的伦理学大家，周辅成的思想和学术一直未得到足够的重视。

二、大陆新儒家的又一代表

从二十世纪八十年代对现代新儒家的研究兴起以来，学术界围绕现代新儒家的定义、产生背景、阶段划分、理论特征、历史评价等方面都产生过热烈的讨论。关于如何界定一名学者是否为新儒家的依据众说纷纭，各种观点不一而足。尽管如此，学界对这一问题仍然有一些共识性看法。

方克立在中国现代哲学史首届全国学术讨论会上，提出了关于如何界定现代新儒家的基本观点："现代新儒家是产生于二十世纪二十年

---

① 肖雪慧. 一条永远的清流——周辅成百年诞辰学术座谈会小记 [J]. 书屋，2010 (9).

代、至今仍有一定生命力的，以接续儒家'道统'、复兴儒学为己任，以服膺宋明理学（特别是儒家心性之学）为主要特征，力图以儒家学说为主体、为本位，来吸纳、融合、会通西学，以寻求中国现代化道路的一个学术思想流派，也可以说是一种文化思潮。"① 一般认为，现代新儒家是现代（1912年至今）背景下产生的儒家思想学术流派。与传统儒家相比，现代新儒家在学术特色上具有现代西方学术的背景。从1912年以来，虽然经历了五四运动、北伐战争、抗日战争、解放战争等重大历史时期，直至1949年中华人民共和国成立，海峡两岸暨香港的新儒家思想都有不同程度的发展。新文化运动以来，"民主"与"科学"的呼声此起彼伏。在西方思潮的冲击下，一批学者坚信中国传统文化，尤其是儒家思想和其人文精神的内在价值对社会的变革有着不可替代的作用。他们试图用儒家的思想谋求发展中国文化、实现中国的现代化。方东美对现代新儒家特征的概括可谓言简意赅："返宗儒家，融合中西哲学，以建立新儒学。"牟宗三的说法则更为宽泛："凡是愿意以平正的心怀，承认人类理性的价值，以抵抗一切非理性的东西（包括哲学思想、观念系统、主义学说、政经活动等），他就是儒家，就是新儒家。"李泽厚对现代新儒家基本特征的概括是："在辛亥、五四以来的二十世纪的中国现实和学术土壤上，强调继承、发扬孔孟程朱陆王，以之为中国哲学或中国思想的根本精神，并以它为主体来吸收、接受和改造西方近代思想（如'民主''科学'）和西方哲学【如柏格森（Henri Bergson, 1859—1941）、罗素（Bertrand Arthur William Russell, 1872—1970）、康德、怀特海（Alfred North Whitehead, 1861—1947）】等人以寻求当代中国社会、政治、文化等方面的现实出路。"② 按照这些

---

① 方克立. 关于现代新儒家研究的几个问题 [J]. 天津社会科学, 1988 (4).
② 李泽厚. 中国现代思想史论 [M]. 北京：生活·读书·新知三联书店, 2008：280.

有关现代新儒家基本特征的论述考察,除了那些众所周知的现代新儒家代表人物之外,还有一些哲学家也应当被看作现代新儒家,周辅成便是其中一例。

综观周辅成一生的学术研究和学术成果,我们看到他不仅通晓西方哲学,而且在中国哲学尤其是儒家伦理方面有自己独特的见解。新中国成立后,他和北京大学中国哲学史组的同人们一起,重新评价了儒家传统。他从公正观念、人道主义、人本思想等独特视角考察了儒家伦理思想的精神理念,指出儒家有"在朝派""在野派"的区分,并认为自从董仲舒对儒家思想进行改造经由汉武帝把儒家"定为一尊"之后,原属民间的儒家被掩盖了。虽然他未曾主张建立新儒学理论架构,但他一直致力于吸收、改造西方的哲学和伦理学观念,并把这些观念应用于儒家伦理思想的探索中,力图形成具有独特风格的儒家伦理思想解释话语。尽管在新中国成立之后这些学术探索一度受到"左"的思想影响而被迫中断,但周辅成从未放弃对儒家精神世界的探索和思考,以寻求当代中国社会、政治、文化等方面有关伦理学问题的现实思路。在同一时期,活跃在中国香港和台湾地区且影响极大的新儒家代表人物牟宗三、唐君毅等人取得了非凡的成就。周辅成与唐、牟二人不但年龄相若又是至交好友,而且在学术上有诸多交流。更重要的是,他们的学术旨趣、思想方法也非常相近。中国台湾地区现代新儒家、师从方东美的刘述先在对现代新儒家做代际划分时指出,"现代'新儒家'的范围比较广,任何使儒家思想研究具有现代意义与价值的学者都可以包括在里面"。这一认识一方面展现了当代学者坚守中华优秀传统以寻求中华民族现代化之路的热情,另一方面也反映出儒家思想本身所具有的包容性与开放性。显然,从现代新儒家应有的思想特点和本质特征来看,并结合周辅成在儒家思想研究方面所做出的贡献和取得的成就,我们完全可以得出这样一个结论：周辅成是现代新儒家的又一代表人物。

他的学术经历代表了新中国成立后一批知识分子的学术生命历程。这些知识分子以西方哲学为背景重新思考和整理儒家思想及其伦理观念，面对经历过"文革"和改革开放后中国社会的经济、政治、文化现实，提出具有全局性的问题并试图寻找解决问题的出路。他们人生阅历丰富，目睹并经历了五四运动、北伐战争、抗日战争、解放战争、"文革"、改革开放等重大历史事件。与中国香港和台湾地区新儒家相比，他们更是经历了不同的社会发展和政治环境，因而对人民的生存状况有着哲学家的独特感悟。他们的宝贵思想和可贵人格影响和激励了一代学者，特别是八十年代以后伦理学界涌现的、具有新伦理学理论观念的学者们。

按照刘述先"三代四群"（第一代第一群：梁漱溟、熊十力、马一浮、张君劢；第二群：冯友兰、贺麟、钱穆、方东美；第二代第三群：唐君毅、牟宗三、徐复观；第三代第四群：余英时、刘述先、成中英、杜维明）的划分，周辅成应当属第二代第三群之列。然而，他却极少引人注目，甚至于被认为与新儒家并无相干。这是因为在新中国成立前周辅成作为哲学家其学术思想以西学见长，因而在学者们的印象中他似乎只是西方哲学领域的专家；另一方面，由于历史原因，新中国成立后他对中国哲学的研究尤其是对儒家伦理思想的研究并没有引起人们足够的重视。其主要原因在于：首先，他对儒家伦理思想的研究和阐发是在"阶级斗争"的政治哲学占主导地位的背景下进行的，因而其观点的深刻之处未能引起足够重视。比如，对董仲舒的评价。从立场观点的角度来看，他对董仲舒的评价带有当时流行的"阶级斗争"的思想痕迹，因此在今天看来，他对董仲舒的定位和评价的确存在有失公允之处。但是，很少有人会注意到，在当时"阶级斗争"风潮之下这一评析所具有的合理性，因为董仲舒的思想确实有选择地改变了先秦儒家的基本思想精神，从而成为后来两千多年皇权专制统治合法性解释的基础。其实，与其说这是周辅成站在"农民阶级"的"阶级立场"上对董仲舒提出的批判，倒不如说他从人道主义、人性论的观点出发，向所谓"封建王权"对广大人民实施的人性压制而提出的批判；其次，他的思想观点仅散见于各类文章、材料中，而并没有像唐、牟那样建立一套系统的理论。对于一个现代新儒家来说，系统的理论建树固然重要，因为它有可能是奠定一个哲学家作为新儒家代表的学术、学理的基础。但是，系统的理论建树并非作为新儒家代表的唯一标志，毕竟判断一个哲学家成就的大小未必一定看他是否建立了一套完备的理论系统。对于社会实践性非常强的伦理学来说，如果一个学者能敏锐地提出引人深思的哲学问题，并且使之引导后来学者不断地探索以促进社会之进步，那么他的学术成就并不亚于丰硕的理论建树，因为无论多么强大的理论最后都要落实到社会生活和道德实践之中。也正因为如此，对周辅成伦理思想的深入探讨和研究具有更为迫切的必要性。

三、有关周辅成伦理思想的已有研究及其不足

对周辅成伦理思想的整理、发掘和研究具有重要的理论和现实意义。但由于前述原因，国内有关周辅成伦理思想的研究文献并不多。对周辅成伦理思想研究的相关学术成果有：龙希成的《周辅成伦理思想撮义》，发表于2006年，强调了周辅成在当代中国哲人中的独特地位，从周辅成关于正义、实践、人民以及价值与理想等方面概述了其伦理思想的要义，论述了周辅成伦理思想中对"人"的重视以及这一观念对新一代伦理学者的启发意义；孙鼎国的《周辅成人学思想管窥》，发表于2006年，指出周辅成的人学思想以西方人论发展脉络为前提，认为

他研究人学问题的根本方法是辩证法，强调了人格问题在周辅成伦理思想和人学思想研究中的突出地位。除了专业论文之外，还有几篇访谈性文章也分别介绍了周辅成关于建设中国特色新伦理学及伦理学基本问题的观点。这些文章有《建设中国特色的新伦理学——访周辅成教授》《伦理学大师周辅成访谈录》等。值得一提的是，2011年，周辅成的弟子赵越胜的回忆录《燃灯者》在大陆出版，该书被誉为"再现一代大师的风骨与情怀"的"两代学人精神相续的心灵史诗"。此书虽然不是专门的学术论著，但从多个方面阐述了周辅成的哲学和伦理学思想，对于研究周辅成伦理思想有很高的参考价值。此外，国内像"四川思想家研究所"等研究机构对周辅成的伦理思想也有所研究，但截至目前还没有看到相关的重大研究成果出现。

上述有关周辅成伦理思想的研究，注意到了周辅成伦理思想的基本方面，整理出了一些结论性的观点。但是从整个研究情况来看，这些研究仍具有初探性质：思想总结不甚全面、理论探讨有待深入。存在某些地方仍旧用一些陈旧的、苏联式的伦理学观念来解读周辅成的伦理学思想。更为遗憾的是，这些研究大多未能够抓住周辅成伦理思想所表现出的强烈时代感、责任感和担当意识；未能够把握周辅成思想深处所具有的对平民大众的殷切人文关怀；未能够突出周辅成伦理思想本身所具有的不迷信、不盲从的强烈批判精神。这些研究并未意识到周辅成的伦理思想已经摆脱了陈旧伦理学的框架和套路，并初具一个新的伦理学理论架构。他们的研究，在形式上只着眼于周辅成关于局部问题的论述，而忽视了周辅成伦理思想对当代伦理学理论建树的积极意义，在内容上也仅仅侧重于周辅成有关于西方伦理思想的论述，而较少注意他对儒家伦理思想精粹及其现代价值的阐发。

四、本研究的目标与基本思路

笔者认为，研究周辅成伦理思想要抓住一个要点，即周辅成的伦理思想具有全球性的理论视野。这要求我们要从人类学和社会学的视角看问题，而不是局限于一定的范围界限内。因此，本研究的第一个目标是考察周辅成如何客观地分析这些伦理道德观念（主要是公正和人道主义）在中外伦理思想史上的形成和发展过程，以及如何找出它们在社会发展、道德进步方面所产生的推进作用和所具有的道德发展规律性的。同时，我们还要看周辅成对这些道德伦理观念存在的重要性和必要性又做出了怎么样的说明。本研究的第二个目标是考察周辅成如何用公正和人道主义等伦理学概念来分析和重新解读先秦儒家伦理思想的。在中国优秀传统伦理思想资源中，先秦儒家伦理思想包含有对社会公正的价值追求以及丰富的人道主义精神，而先秦儒家的这些伦理道德思想精髓能在今日中国新伦理学建设中发挥不可或缺的重要作用。本研究的第三个目标是总结周辅成伦理思想的来源、理论特征以及方法论基础，并指出周辅成伦理思想在理论和现实方面的价值和意义；另外也要指出其伦理思想留下的一些问题。

鉴于上述目标，本研究以这样的思路展开对周辅成伦理思想的研究：从周辅成伦理思想所表现出来的客观时代精神入手，以历史发展趋势对伦理学提出的理论诉求为出发点，全面阐述周辅成伦理思想的来源、形成和发展，展示周辅成伦理思想融合中西、阐发传统、面向未来的鲜明特色。同时，由于他对儒家伦理思想的探索研究较少引人注意，因此本研究还将侧重于论述周辅成对中国儒家伦理思想的阐发，以此展示他以西方哲学、伦理学的视角对儒家思想精神的探索和再解读。

本研究期望通过对周辅成伦理思想的阐释和讨论，使更多学者了解周辅成其人和他充满睿智的伦理思想，并把他的伦理思想发扬光大，为21世纪中国伦理道德的进步和伦理学建设尽一份绵薄之力。

第一章　周辅成其人及其伦理思想形成过程

第一节　周辅成生平简介

　　1911年周辅成出生于四川江津，那一年正值辛亥革命爆发。受家庭影响，他从小学高年级起就开始阅读新时代的书籍报刊。中学就读于重庆城内的巴县中学，时值国共合作准备北伐。在北伐以前的重庆、成都，共产主义和无政府主义都是公开流行的思潮。那时，他崇拜无政府主义，对俄国文学尤其是托尔斯泰的文学作品发生了浓厚的兴趣。从中学毕业后，他考入当时张澜做校长的成都大学预科。此时的周辅成对哲学已有相当大的兴趣，但苦于没有合适的老师和丰富的书籍，他便和来自川南师范的同学们聚在一起，在几种成都报纸上创办了专刊，其中以《九五日报》上的《彼哦哦》周刊最为引人注目。后来，周辅成考入清华大学哲学系。1932年，他写出《康德的审美哲学》一文，文章分两部分：一是判断力与悟性和理性之关系；二是审美的判断之批判。贺麟认为这是国内最早研究康德美学思想的文章。1933年，他毕业于清华大学哲学系并在清华研究院继续研究哲学三年，师从吴宓、金岳霖等教授，主要研究西方哲学、伦理学。当时的清华大学图书馆是国内大学中藏书最多的图书馆。周辅成博览群书，涉猎中西，致力于学问研究。在康德研究方面他用力颇多，用他自己的话说，他"几乎成了康德哲学的信徒"。他还曾担任《清华周刊》编辑。1933年，周辅成写成了《论伦理学上的自然主义与理想主义》一文，连续登载在由上海中华书局出版的《新中华》杂志上。

抗日战争爆发后，周辅成辗转各地，先是到南京，后又到重庆，最后落脚成都，任《群众周刊》编辑。在成都，他先是在中学里教书，后在成都金陵大学、四川大学、华西大学任教。1941年，周辅成的《哲学大纲》由上海正中书局出版。在抗战期间，周辅成与友人唐君毅、牟宗三等人创办了《理想与文化》期刊。因当时学术气氛相当自由，一批文化名人纷纷受邀在杂志上发表文章。唐君毅的《道德自我之建立》、梁漱溟的《中国文化要义》逐章在杂志上发表，牟宗三也热情撰稿。周辅成的《论莎士比亚的人格与性格》发表在1942年出版的《理想与文化》上。

内战爆发后，周辅成在武汉大学任教。1947年，全国学生和进步知识分子展开反饥饿、反内战运动。6月1日，国民党统治下的反动军警包围武汉大学，杀害5名学生并抓走4位教授，制造了震惊全国的"六一惨案"。周辅成把其详情和感想航寄上海《大公报》，第三天文章刊出，事情真相才被公诸天下。二十世纪四十年代末，在解放战争的历史阶段，不仅国家面临着命运的抉择，每一名知识分子也同样面临着命运的抉择。周辅成的友人牟宗三选择去了中国台湾地区。另一个好友唐君毅和无锡江南大学的钱穆一起，先是去了广州，接着去了香港。到了香港的唐、钱二人过了几年艰苦的生活后，创办了私立新亚书院，并后来作为文学院加入了香港中文大学。他们在香港刻苦教学、著书立说，为中华民族优秀传统文化的阐发而努力。后来牟宗三也来到香港,他们三人一生中的大部分著作都是在香港完成的。现代学人称他们为现代新儒家,而周辅成对他们的评价是:"这个'新',恐怕就在于他们的知识范围,古今中外皆精通,这和过去那些只是旧国学圈子内打转的人,大不相同了。"① 更为重要的是,他们比较了解中国的文化传统及其精神,对中华民族、孔夫子有深切的敬爱。周辅成称赞他们不像一般乡愿式学者那样左右逢源,而是经受艰难困苦,为发扬和保存中国民族精神而贡献一生。在周辅成看来,他们的精神是自强不息的民族精神的壮举。周辅成对唐、牟等人有很高的评价。事实上,他自己也是这种精神的坚持者。因为在同一时期,中国大陆大搞各式各样的政治运动,一些知识分子受到打压和迫害,命运悲惨,学术界万马齐喑,周辅成和其他一些正直的知识分子的遭遇与唐、牟等人当初到香港的窘境相比有过之而无不及。

新中国成立前后,周辅成在武汉大学任教,参与了武汉大学的接管工作,后来又参与了土地改革。1952年,因全国教育大改革和大学院系大调整,他从武汉大学转至北京大学任教,后在北京大学中国哲学史研究组从事哲学的研究工作。在1956年的"大鸣大放"后期,受政治运动的影响,学术气氛完全改变,知识分子命运多舛,周辅成的学术活动也被迫随着当时政治气候的变化而起伏。在艰难的环境下,周辅成依然坚持努力做好伦理学的研究工作。在对儒家传统的反思研究方面,他与北京大学中国哲学史组的同仁们一起重新评价儒家传统,写了《论董仲舒思想》(上海人民出版社出版,1961年)、《戴震的哲学》(湖北人民出版社出版,1957年)两部著作。指出儒家有"在朝派与在野派

---

① 周辅成. 周辅成文集(卷Ⅰ)[M]. 北京:北京大学出版社,2011:398.

之分"，自从董仲舒经汉武帝将儒家"定为一尊"后，掩盖了原属民间的儒学。在西方伦理学理论和思想介绍方面，周辅成编译了《西方伦理学名著选辑》（商务印书馆出版，1964年）、《西方人道主义、人性论言论选辑》（商务印书馆出版，1966年），这两部以富有鉴赏分析的眼光编辑而成的著作选辑，选材严谨，覆盖面广，介绍详细，为研究西方伦理学提供了非常有益的原始资料，起到了开创性作用，成为伦理学工作者和研究人员的重要参考书，影响了一代伦理学人。从1966年到1976年间的"文革"，对大多数知识分子来说更是一场前所未有的浩劫。在北京大学任教的周辅成亲眼目睹了这一切。然而，不管命运如何变换，周辅成始终没有忘记正义的力量、没有丢掉对学术的坚守，即使是在最艰难的学术环境里，他也努力地为中国的哲学、伦理学的发展做着自己力所能及的工作。

改革开放以后，学术气氛相对自由。周辅成在北京大学深入研究、勤奋育人、精心编书，培养了一批批伦理学的人才。这些学者后来成为各地伦理学学科建设的领军人物，从而为中国的哲学、伦理学发展奠定了坚实的基础。1986年，他因故退休后，依然笔耕不辍，向社会发出主张公平、正义的呼声。他还主编了《西方著名伦理学家评传》（上海人民出版社出版，1987年），该书以时代为序，以入选者的思想足以代表一个时代、并对后代有巨大影响这两点为纲，选介西方著名的伦理学家，使我国伦理学界对西方伦理学有更加深入和全面的了解。他以马克思主义人性论和实践论为基础，关注人的自由和解放问题。认为"从人性论出发必然是建立在个人主义基础上的追求个人自由和幸福的解放；从阶级论出发，必然是建立在社会主义基础上追求阶级解放"[1]。

---

[1] 周辅成. 论人和人的解放 [M]. 上海：华东师范大学出版社，1997：208.

1996年，他把自己过去发表的论著选辑成册，并以其中一篇文章的题目《论人和人的解放》为书名。尽管所选编的文章在发表时间上前后相差六十余年，但是这本书一以贯之的主旨精神和理论意义如其书名一般，为了"人和人的解放"。

2009年5月22日，周辅成先生因病医治无效，在北京逝世。周辅成先生的一生同其学术合为一体，是中国传统伦理学和伦理学家"知行合一""学命一体"的典范。他一生追求真理，坚贞而宽厚，仁慈而正义。他的学术思想经历了一个从传统理想主义自然主义到社会主义人道主义的重要转变，他的一生具有宋代张载所言"为生民立命"的知识分子的责任担当，"以人为本""人民正义"成为他毕生的学术宗旨和根本理念。我们不妨用周辅成自己的话来纪念他："他想着人类，为人类的命运苦思玄想，希望能找到一个最后的安顿；人类得安顿，自己也得安顿；人类不得安顿，自己也不得安顿。就这样，他过了一生。他对人类有感情，对民族有感情；他死了，我们也不能不对他有感情，不能不想念他，哀悼他。"[①] 这就是既研究别人也研究自己，有着独立而高尚人格的哲学家、伦理学家周辅成一生的真实写照。

第二节　周辅成伦理思想发展历程

如果按照不同时期的学术风格和特点来划分，可把周辅成一生的学术历程大致划分为这样几个阶段：第一阶段：1911—1949；第二阶段：1949—1978；第三阶段：1978—2009。第一阶段，从出生到中华人民共

---

① 周辅成. 周辅成文集（卷Ⅱ）[M]. 北京：北京大学出版社，2011：324.

和国成立是学术的积累期；第二阶段，从新中国成立后，历经包括"文革"在内的各种政治运动，到1978年中国共产党十一届三中全会的召开是学术的曲折探索期；第三阶段，从改革开放到2009年去世为学术的成熟期。本文仅按照学术活动的主要致力方向，把周辅成伦理思想的发展分为1949年以前和1949年以后两个时期，来阐述他的伦理思想的发展历程以及对他中国伦理学学科建设所做出的贡献。

一、1949年新中国成立以前

（一）人格研究

在1949年以前的伦理学研究中，周辅成关于人格的研究占据着重要位置。之所以非常注重人格研究，是因为他认为通过人格研究不仅可以找出人格与社会伦理道德、文化传统之间的关系，也能以人格评价的方式表达出评价者自身的人格价值和其判断标准。他说，"人格是一种价值上的存在，而不是一种实物存在"，"人格既是价值上的存在，那以对它的理解与评价，就不能和对事物的事实判断与评价相同，一半要看评价者自身的主见"。[①] 我们知道，哲学意义上的人格、心理学意义上的人格和日常语言中的人格内涵不尽相同。人格主义哲学的主要观点有：人的自我、人格是首要的存在；人格是具有自我创造和自我控制力量的自由意志；人的认识由人格内在地决定等。人格主义哲学认为，人格是人在全部生活实践中表现出来的精神特质，是指人所具有的自我意识、主观意志、内在目的性等特征。而在心理学意义上的人格含义中，人格有时被称作性格，指人的心理特征的统一体，它在不同境况下影响

---

① 周辅成. 周辅成文集（卷Ⅰ）[M]. 北京：北京大学出版社，2011：295.

着人的内隐和外显的行为模式。而日常生活意义上的人格常常是指人们在言语、行为中所表现出来的思想道德品格。周辅成认为研究一个人的人格必定综合考察三个不同侧面的人格含义，以日常生活中人在言语行为中表现出的一以贯之的思想道德品格、固定的思维方式和行为模式作为切入，通过心理学意义上的人格分析，再上升到哲学层次，从而发掘出人格背后所蕴含的民族文化特征和人文精神实质。

在纪念歌德（Johann Wolfgang von Goethe，1749—1832）逝世一百周年的文章《歌德对于哲学的见解》（1932年）的最后，周辅成这样写道："我写完成此篇，深望今后我们认识西方大哲，均从他自己的人格下手。我以为要了解西方精神，除了此法，也万难找另一条更通畅的路。"① 也正因如此，在他早期的论文里，有关西方哲学家、思想家的人格研究成为其主要的研究方面。不仅关于克鲁泡特金（Пётр Алексе′евичКропо′ткин 1842—1921）、莎士比亚（William Shakespeare，1564—1616）等哲学家、文学家的研究文章是专门就其人格来写的，而且在其他的较为纯粹的哲学论文里，他也相当关注哲学家们的人格问题，无论是《歌德对于哲学的见解》《格林的道德哲学》，还是《康德的审美哲学》都是如此。虽然没有专门写过康德的人格，但是他对康德的人格评价极高："康德因为对真理之忠实，所以不惜把自己一身认为一个发现真理之工具，其生活之守规律，其平日理想之高洁，恐怕中国历史上也万难找出其人。"② 正如他自己所说，研究一个哲学家，必先从其人格入手，今天我们认识和了解周辅成及其伦理思想，亦从他的人格入手，从他对西方大哲的相关人格研究之中认识他本人的人格和思想。

从周辅成早年写就的一些论文来看，除了专门探讨纯粹哲学问题的

---

① 周辅成. 周辅成文集（卷Ⅰ）[M]. 北京：北京大学出版社，2011：83.
② 周辅成. 周辅成文集（卷Ⅰ）[M]. 北京：北京大学出版社，2011：82.

文章之外，他对一些文学家、哲学家、诗人的人格问题有着浓厚的兴趣，并撰写了一系列关于这类主题的论文，比如《克鲁泡特金的人格》《论莎士比亚的人格》《歌德对于哲学的见解》等。这说明，他早期的伦理思想就已经显示出强烈的人文关怀，体现出对人的价值的尊重和对理想人格的推崇。《克鲁泡特金的人格》一文写于1934年4月，那时的周辅成是一个23岁的青年。这篇文章是他抱着极大的兴趣，花费整整三天的时间读完长达34万字的克鲁泡特金的自传之后所写的一篇读后感。在此之前，他觉得哲学家斯宾诺莎不与人争利、终身献身学术，不要虚假的荣誉而甘愿磨镜求食、勤奋一生，应该是一个模范人物。斯宾诺莎（Baruch de Spinoza，1632—1677）的学术品格使得年轻的周辅成认定独立精神是读书人的最高道德。然而在读完克鲁泡特金的自传之后，这个纯洁、无私、坦诚而又甘愿为人类牺牲的灵魂使他明白，原来克鲁泡特金更加伟大。克氏的伟大之处在于他以贵族之出身，不恃清高，参加革命，与广大的工人、农民一道同甘共苦，不怕艰难险阻，不畏身陷牢狱，又奋力著书立说，弘扬高尚的道德精神。晚年的时候，克鲁泡特金在乡间写《伦理学》一书，虽然书未成半而与世长辞，但是他最终还是阐明了一个道理：道德是社会进化最重要的因素。周辅成总结说，克氏精神的伟大之处就是一个"爱"字，即建立在自由平等之上的爱，它是从平民的灵魂深处迸发出的爱。他对克鲁泡特金的精神进行了诗意的赞美："克氏一方面禀有施爱的精神，一方面也禀有反抗的意志；他的施爱，使他能刻苦、忍耐；他的反抗使他能有勇猛直前的精神。靠这两种毅力，他永远向我们表现出他的一颗真挚而坦白的心。"[①]这种爱心在周辅成看来是来自完美的人道精神，正是这种人道精神使得

[①] 周辅成. 周辅成文集（卷Ⅰ）[M]. 北京：北京大学出版社，2011：122.

他将永远不朽。他提醒大家,"人道精神是欧洲文明的根本,人道主义所散布的便是一颗爱的心"①,"人道主义在西洋流行,已几千年了,但西洋人的精神仍循着这条大路前进"②。周辅成对克鲁泡特金人格的赞美实质上就是对人道主义的赞美,对西方人对于爱、对于牺牲、自由、平等等精神追求的赞美。

在《克鲁泡特金的人格》这篇文章里,周辅成对克氏极力赞扬,甚至于将其和耶稣相提并论。在他看来,克氏试图努力超越宗教所传布的道德精神以至更高的道德境界追求,从而推动了"西洋精神"的进步。他提醒读者,克鲁泡特金是一个革命者,一个19世纪后期的社会主义者。这种提醒有着深刻的含义。首先,克氏所以表现出如此高尚的人格是因为他是一个社会主义者、革命者,周辅成对克氏人格的高度赞扬表明了周辅成早期伦理思想具有社会主义性质的思想倾向;其次,作为一个革命者和社会主义者,克氏在西方人文精神的指引下能够达到如此之高尚的道德精神层次,这表明了西方的人道主义不仅仅能与社会主义相兼容,而且还能产生对宗教之爱的观念超越,以达到较之更进一步的道德精神。在对克鲁泡特金的人格所表现出的"西洋"人道主义精神赞扬之后,周辅成将笔锋转向中国人,揭露出某些中国人只注重道德精神而对学问与道德之间关系所抱有的偏见。文章结尾处的"余话"里,他举例说,有人得了肺病反而因别人都没有此病而引以为豪,借此嘲讽某些盲目自大的中国人。这些人以为只有中国才是以道德立国的,别人(即别的国家)在注重道德精神等方面都不如我(指中国)。他认为这种认识是自欺欺人的偏见。周辅成在八十多年前所指出的中国人在道德精神认识上盲目自大的劣根性,直到今天在中国仍时有泛滥。同

---

① 周辅成. 周辅成文集(卷Ⅰ)[M]. 北京:北京大学出版社,2011:122.
② 周辅成. 周辅成文集(卷Ⅰ)[M]. 北京:北京大学出版社,2011:123.

时,他还批驳了中国人常有的一个极为错误的观念:即把学问与精神看作是两码事,认为有学问的人不一定要有品德,而有品德的人不一定要有学问。他说:"试看在学问上有成绩的,谁不是在精神也是多么的伟大?他们何曾是把精神与学问分开?若不是他们先具有了那般的精神,恐也不致有那般的学术成就。"[①] 在他看来,学问和道德这两者对于一个做学问的人来说是不可分开的,"知行合一"是学人生命的应有之义,"学命一体"是学人为学的必有品格。

由这篇文章可见,周辅成早期的伦理思想不乏西方人所具有的那种对于爱、平等、自由的精神追求,饱含着西方人道主义的思想精神。在文章里,他以克鲁泡特金的人格为载体,展露出了一个青年学者对这些思想精神的热忱向往和赞美。不仅如此,他还指出了一些中国人在伦理道德问题上的偏见和错误认识,同时在坚持学人在学术上要"知行合一"的观点基础上,对那种认为学问和精神相分离的观点进行了批驳。如果说《克鲁泡特金的人格》是以思想观念的视角来考察一个思想家的人格的话,那么周辅成的另一篇文章《论莎士比亚的人格》则是全方位透视这一文艺复兴时期的杰出代表人物满怀人文精神的伟大灵魂,透过对莎士比亚的人格分析彰显出善良人性的巨大光辉。这篇长文原刊于《理想与文化》的第3、4期,写于1942年,此时中国人民同仇敌忾抗击日本侵略者的抗日战争已经到了第十一个年头,它的发表引起人们对个体人格和民族性格之间关系的思考。

《论莎士比亚的人格》分为三大部分:一、莎翁人格的来源与生活的开展;二、从作品中所见的人格及其发展;三、莎士比亚人格的类型与情调。作者之所以从各方面分析莎士比亚的人格,无非是在说明莎士

[①] 周辅成. 周辅成文集(卷Ⅰ)[M]. 北京:北京大学出版社,2011:128.

比亚的人格即文艺复兴后期英国人的人格代表。在第一部分的结尾周辅成如是总结莎翁的人格来源："第一，他是平民，因此能对人的各方面的生活，都体验过，都了解。第二，他是真实的平民，故不为世俗的矫揉造作的生活，所欺所蔽。虽为女王所嘉许，虽结识贵族甚多，但毫不受其影响，能独自超越。第三，他是自得的平民，故虽受苦，但不绝望，不愤激。依然冷静。"① 莎翁人格所具有的平民性正是文艺复兴时期的人道主义（或人文主义）经过一百多年的倡导所产生的结果呈现，它反映了人性伟大而真实的一面。我们所见到的周辅成对莎士比亚人格的讴歌实乃是对美好人性的讴歌。莎士比亚作品对丑陋人格的鞭挞和对高尚人格的赞美都在揭示人道主义是作为一种价值观念而存在，人的尊严和价值正是在追求这一价值观念的过程中不断得以彰显，它是人追求自身解放必然所要经过的历程。人类对健全而伟大人格的追求不是一蹴而就。正因如此，我们所见到的历史是，在欧洲，当文艺复兴运动即将完成它的历史使命的时候，随之而来的就是声势浩大的启蒙运动，西方文明就是在这样的接力中不断实现着人之为人的自我完善和人自身的解放。

周辅成在欧洲文艺复兴背景下考察莎士比亚人格的同时，也必然地联系到中国人的境况，抑或正是为了反思中国人的人生观，他才在莎士比亚的人格研究上如此深入和专注。一个民族文化上的自然观或者说人与自然的关系必然影响其人生观（包括人格观），周辅成见到英国人民是崇尚自然的，而中国人民也是崇尚自然的。但是中国人崇尚自然的情调和境界与英国人或莎士比亚并不相同。他以陶渊明和莎士比亚进行对比："莎士比亚是将自然，予以人格化了，自然亦象征着人所有的感情

---

① 周辅成. 周辅成文集（卷Ⅰ）[M]. 北京：北京大学出版社，2011：303-304.

变化，这是以人吸收自然，即其所谓'自然'，是同人一样自然之自然。而中国人或陶渊明所见之自然，则是将人亦自然化之；人是'大自然'一样自然之'人'。此亦可谓以自然吸入人，二者情调不同，当然境界亦不同。"[1] 文化传统的自然观之不同势必造成两个民族不同的人格。事实既然如此，我们就要在人生观上与西方异中求同，既不能妄自尊大，亦不能妄自菲薄。周辅成的这番对比，旨在说明中西人生观各见其长，两者应互相尊重、互相融通。

在周辅成的学术生涯里，人格研究是他终其一生的探求。周辅成对诸位西方大哲的人格研究清晰地表明了他早期的伦理思想方向和对自身高尚人格的追求。同时，这些研究也反映了其人道主义主张的逐渐形成过程，显示出他对崇高人格的尊崇和培养的重视。然而，他没有就此止步，继而把人格研究深入到了人本身的生存状态和人生境界之中，使之上升到道德哲学和人生哲学的层次。周辅成对人格的研究并没有过多复杂的心理分析，而是重点关切人格形成的深厚文化背景，然后抽象到天人关系（人与自然的关系），阐明了人格境界也即是道德境界的实质。周辅成的人格研究方法内在地包含了"知行合一"的必然性。如果说这些青年时期的论文勾勒出他的伦理思想形成的理论痕迹，那么在他晚年著述中对熊十力、唐君毅等诸师友的人格分析和评价则更多地具有现实意义上的人生价值思考。在这些分析和评价中，他的笔调既有面对世俗偏见的无悔与冷峻，也有一丝高处不胜寒的无奈，它给我们的深切感受就是这些对于人格、人性、人生的思考正是周辅成本人生命的真实写照。他称誉熊十力先生的人格和不朽的哲学体系，评价他真正做到了人格和学术的"不二"。周辅成这样评价熊十力："他是学生们的真诚老

---

[1] 周辅成. 周辅成文集（卷Ⅰ）[M]. 北京：北京大学出版社，2011：336.

师，是同辈们的真诚好友，是中华民族的真诚卫士，是哲学界的真正的哲学家。"① 他赞扬唐君毅的新理想主义哲学："唐先生所建的哲学，绝不是静观自得的哲学，更不是在外国人前或有权势的人面前鹦鹉学舌的哲学，前者自杀其灵魂，后者则出卖其灵魂；都是无灵魂亦即是无'人'的人格与理想的哲学。"② 除了对熊、唐二人的哲学与人格进行研究和评介之外，周辅成还向世人披露了许思园的人生境界和文化理想。他也专门写过文章论述吴宓先生的人生观和道德理想。1991年他在《许思园的人生境界和文化理想》中这样写道："人总是要死的。死，当然并不一定是不幸的事，也并不一定是可悲的事。然而，如果一个人的死，并列在很多不幸者中，而人们都在为一切不幸者的不幸而悲痛的时候，他却像被人忘掉一样，甚至无人想到、念到，好似山谷中的鲜花，自开自谢，无人过问，这就使人不能不无限低回了。"③ 这是周辅成对许思园人生经历的感慨，也是面对自己人生所具怀的伤感。文章最后他对许思园的人格境界进行了诗意的评论："他好似月夜里一颗孤星，并不被睡着的人看见，但却为那些整夜不能入睡的人，忽然从床上透过明窗发现——它的光是何等清明，他的面目是何等安详而又令人遐想！人为什么非在烈日阳光下，鸟语花香中生存，否则，便不算生活呢？为什么在半夜里、天空中、寂静地蹒跚而行，就不算是一种良好的生活呢？"④ 难道这不是周辅成在书写自己内心落寞与惆怅，对自我命运的喟叹？生活中的周辅成越是到晚年越觉得心态的沉重。因为，社会的不公、百姓的疾苦、各种道德乱象常常让他忧心忡忡。他常说自己一

---

① 周辅成. 周辅成文集（卷Ⅱ）[M]. 北京：北京大学出版社，2011：199.
② 周辅成. 周辅成文集（卷Ⅱ）[M]. 北京：北京大学出版社，2011：277-278.
③ 周辅成. 周辅成文集（卷Ⅱ）[M]. 北京：北京大学出版社，2011：323.
④ 周辅成. 周辅成文集（卷Ⅱ）[M]. 北京：北京大学出版社，2011：324.

生都在学习哭和笑,他"羡慕莎士比亚对福斯塔夫的笑、达·芬奇所画《蒙娜丽莎》超善恶的笑,同时也向往托尔斯泰听完柴可夫斯基的《如歌的行板》的哭、读完拉·波埃西(Etienne De La Boétie 1530—1562)的《自愿为奴论》后的哭"[①]。

(二)伦理学理论研究

1949年以前,周辅成对伦理学的研究是多方面的,除了把人格问题作为伦理学研究的主题之外,他还在基本理论和有关中国伦理思想研究方面成就斐然。

早在1932年,21岁的周辅成就写出《伦理学上的自然主义与理想主义》这样极有分量的专业论文,就伦理学上的两大派别进行了深入的总结和探讨。他认为,虽然自然主义和理想主义的对立是历来伦理学发生争执的根本,但是二者是能够沟通的。沟通的关键问题是看二者能否包含,即是说,两者沟通不是在于互相取长舍短的问题,而是在于能把两个学派的方法和界限看清楚之后,再看它们是否还有冲突,因为它们在解释道德问题时所采用方法全然不同。在文章的一开始,他就指出必须解决两个疑问才能抓住问题的要害。第一,自然主义的伦理学是否升进了道德问题的堂奥?第二,理想主义伦理学是否对于道德进步及实际的文化问题果真没有做出答复?整篇论文即围绕这两大问题展开。

在对自然主义的考察中,他认为克鲁泡特金的学说既有功利主义所追求的"最大多数之最大量幸福"的思想,又包含有斯宾塞(Herbert Spencer,1820—1903)所谓"利他利己的分别,极不正确"的观点,还有对居友(Jean-Marie Guyau,1854—1888)观点的超越,比其他的

[①] 赵越胜. 燃灯者——周辅成先生纪念文集[M]. 长沙:湖南文艺出版社,2011:166.

自然主义学派伦理学更进一步,所以是集自然主义之大成,代表了一切自然主义伦理学的精神。因此,他便以克鲁泡特金的学说为代表,对自然主义进行了分析。经过论证,周辅成认为第一个问题的答案已然十分明确:伦理学上的自然主义实质上并未进入伦理学正题的大门,因为他们总想要在因果事实的研究上找出行为的规范或善恶标准,只是把道德放在因果现象内,而不是作为价值论上的评价问题。他们不懂得"道德乃是行为方面的事,根本形式是'应当'(Ought to be),一切道德概念都借'应当'而表示出"。[①] 周辅成的这个论断指出了自然主义伦理学根本缺陷。自然主义者列举很多事实来证明"善"的道德行为可以产生"大量快乐的满足",有利于"生命的维持和发展"。虽然大量的事实能显现出道德的进化,而且也能表现出"善"必然依赖于社会或文化,但是,他们只是看到事实而未能解释事实,至于为什么会产生"大量快乐的满足",为什么会有利于"生命的维持和发展",他们没有给出答案。事实固然可以部分地成为道德的原因,但是绝不能作为善恶取舍的绝对标准。

关于伦理学上的理想主义,周辅成认为最为具有代表性的当属康德伦理学。他言简意赅地点明了理解康德伦理学要义的门径:康德承认,虽然人们对善恶标准所采取的方式各不相同,但是他们必须具有善恶的根本观念,也即是对古今中外善恶的判定,必定首先假定世界上存在善恶,然后才可以说什么事是善的,什么事是恶的。因此,理解康德的第一步就是从有"普遍妥当性"的善恶概念分析开始,用今天的话说就是不在事实上、心理上寻找道德的起源,而在于从逻辑上寻找"善"的充足理由。因为从人性作为出发点去研究道德,所得到的只能是非必

[①] 周辅成. 周辅成文集(卷Ⅰ)[M]. 北京:北京大学出版社,2011:10.

然性的道德。康德确立的"善"的概念具有"普遍妥当性",而且这种"普遍妥当性"只有通过逻辑方法才能推知。对于这种概念上存在的"善",只能找其理由,而不能找其原因(原因涉及的是事件之间的因果关系,理由涉及的是命题之间的逻辑关系)。康德就是通过逻辑的方法寻找"善之为善"的理由。对于作为理性存在物的人,"善意志"具有合理性,而不附加任何条件就能称之为善者,只有"善意志"。意志为行为立法,这正是人与动物的区别。"善意志"活动的原理就是道德律,道德律是自明的、无上的,它要求"应当服从",即是"绝对命令",它合乎理性又是先验的。"善意志"所具有的无上命令就是康德所言的义务。如果说以上简要的论述是康德伦理学与其他理想主义的共同之处的话,那么关于自由、神、不朽的三大假定,则是康德个人的独特见解。这三大假定,更进一步论证了道德的根本问题:道德本身是真实的,它并非是在走向毁灭的过程。理解了康德伦理学,也就理解了伦理学上的理想主义。那么现在的问题是,理想主义是不是对道德的进步没有涉及呢?不是,理想主义非但涉及了道德进步,而且比起自然主义来更加注重:康德认为,道德是向着善的目标前行的,而人们一生都在实现着向善的追求,那么人们所想要得到的善,最终必然有所得到;因为有神的保证,对善的追求总不会落空,所以人们所表现的道德事实必然是进步的,换句话说,道德进化的道理包含于善的本身,是善的应有之意。如果说道德问题上还有其他意义的进化问题,在理想主义看来,它已经不是道德本身的问题了,而是具体的道德事实的进化问题,应由别的有关学科来处理。易言之,理想主义所谈的道德进步问题和自然主义所言的道德进化问题(即是将生物学、社会学的知识应用于伦理所研究的道德进步问题)不在同一维度。周辅成在此文中写道:"我自己是一位理想主义者,所以不能不为理想主义辩护,即是理想主义对于他世界与此世界的来源问题，关于道德进步问题，并不是没有明白解释，实是我们用实在论的眼光，觉得其理论不令人满意而已。"① 因而，他的结论是：在道德进步问题上，就理想主义与自然主义的关系言，理想主义虽然也讲道德的进步，但是绝不涉及自然主义的道德演化问题。至此，文章一开始所提出的两个问题都得到了完美的解答。

文章最后，作者又对一个看似矛盾的问题进行了合理论证。这个问题就是，为什么一面说自然主义有待于理想主义的补充，而一面又说理想主义不涉及自然主义的道德演化？对这个问题本身回答的过程中，周辅成厘清了一些伦理学基本概念，提出了关于伦理学各学科之间相互关系问题的基本观点。他首先讲清楚了科学的伦理学、伦理科学、伦理哲学或者道德形上学三个概念的含义和它们之间的区别和联系，并指出，即使是在美国学者当中也有很多人对此三个概念的认识模糊不清，以至于连从美国回来的胡适之也将人生哲学与伦理学混在一起。他详细论述了为什么一般伦理学不讲道德形上论的原因，从学理上区分开了道德形上论与伦理学。他引用贝尔福（Arthur James Balfour, 1848—1930）的话说："一切伦理学者之治伦理的第一原理，绝不是要去证明或演绎他，只不过是使其潜在者显示，使其暧昧者清晰而已。"他概括道："总之，伦理学只是研究善之科学，唯一工作就是考察道德价值之共同标准或最后标准。"② 他认为与道德形上论区分开后，伦理学本身有两大需要：一是伦理科学欲求进步必然不能舍弃科学的道德论，二是伦理学本身必须以道德形上论作为根基，否则其本身即存在疑问，而且也难以付诸实践。周辅成关于伦理学学科之间关系的论述是非常有价值的，如果人们对有关伦理学各学科研究的性质、方法、目的、意义都有十分

---

① 周辅成. 周辅成文集（卷Ⅰ）[M]. 北京：北京大学出版社，2011：23.
② 周辅成. 周辅成文集（卷Ⅰ）[M]. 北京：北京大学出版社，2011：24.

清楚的了解，那么再去考察自然主义与理想主义之间的关系问题就会轻而易举。

《伦理学上的自然主义与理想主义》所表达的思想是周辅成早年的伦理学成就。作为一个理想主义伦理学者，周辅成除了服膺和认可康德义务论的伦理思想之外，还对格林（T. H. Green, 1832—1882）的道德哲学有深入研究。1932 年，他写成《格林的道德哲学》一文。格林是 19 世纪英国哲学家，最先把德国哲学引入英国，并认为哲学之所以为哲学，无非就是为道德找基础，因而他便花费毕生精力来做这件事情。格林所采用的方法基本上和康德相同，即开始于对知识的批判而后达到对实践理性的批判考察。《格林的道德哲学》共分为五大部分，详细论证了格林的哲学在因果决定性方面对斯宾塞等人的超越，对康德、黑格尔（G. W. F. Hegel, 1770—1831）道德哲学的吸收与融合，并总结了格林道德哲学的重要观点：道德取决于意志、善和道德都是自我实现、快乐论是错误的伦理学等。在详述格林道德哲学的过程中，周辅成提出了客观中肯的评价和自己的见解。他认为格林与康德有别的地方不过是"康德之批判知识，大部分为信心（Faith）找稳固基础而指出思维能力的界限；而格林则是想在知识中也找出行为上或信心上之共同基础，从而将宗教、道德、知识三者糅杂于一炉以熔之"①。这是格林在哲学上的贡献，"因为当格林将此系统完成时，他一方面能去康德之'things-in-themselves'的矛盾见解而成万有相关、层层堆进说，确能采康德、黑格尔学说的精华，他一方面又调和道德学上之动机论及结果论，丝毫不显勉强，确实有大功！"②

需要进一步说明的是，这一时期，在周辅成广泛涉猎欧美哲学、

---

① 周辅成. 周辅成文集（卷Ⅰ）[M]. 北京：北京大学出版社，2011：27.
② 周辅成. 周辅成文集（卷Ⅰ）[M]. 北京：北京大学出版社，2011：27.

徜徉于西方大哲们的精美哲思、深入研究伦理学理论的同时，对中国哲学及伦理学也有深刻研究，并对中国哲学尤其是儒家思想以及中国深厚的传统文化有独到见解。1941年正中书局首次出版他的哲学专著《哲学大纲》一书。该书以问题为经，学派为纬，融合中西哲学，又不乏中西对比，高屋建瓴地论述了哲学的知识论、宇宙论、价值论等基本问题。这部书既是哲学问题的综合，又是作者哲学观点和学术思想的陈述，既有哲学的观点立场，又有研究哲学的思想方法。其中对儒家思想的理解，如对传统的天人合一、原始儒家思想有关生命意义、知行合一等问题的论释，观点独到，自成一说。《哲学大纲》由正中书局出版时，周辅成30岁。应该说这部书是作为哲学家的周辅成早期哲学思想成果的结晶，也是他对伦理学理论探索的一个总结。

以上所述是1949年中华人民共和国成立以前周辅成对伦理学重要问题和伦理学理论的研究过程。实质上，这一过程也正是他的伦理思想的发展过程，因为通过对这一过程的考察，我们不仅可以清晰地看到他在这一时期的思想观点，而且还能把握这些思想观点的发展变化及其特征。总的看来，这一时期周辅成的伦理思想是以康德的理想主义伦理学为基础，兼具优秀传统中国文化的特点，并吸收人道主义理念，表现出对人的人格尊严和价值的尊重。

二、1949年新中国成立以后

（一）对儒家伦理思想研究

事实上，在周辅成的学术生涯里，他很早就已经开始了对儒家伦理思想的研究。在1941年出版的《哲学大纲》一书中，他不仅阐明了中国哲学宇宙观与西洋哲学宇宙观的不同之处，而且还在"价值论"部分，对中国人的道德观尤其是儒家伦理道德观念展开了详尽的论述。他认为"中国人一直以人生本身就是一种德，与宇宙之有德性同理""道德之意义，不在求诸外，而求之于有限之自身"[①]。在其他章节的论述中也不乏针对儒家"内圣""外王"义理的阐释。如果说这些认识是对儒家伦理思想基本义理的阐述，那么后来尤其是新中国成立之后，他的研究则侧重于反思儒家伦理思想的基本精神和根本宗旨。

从出版《哲学大纲》到20世纪90年代，周辅成发表了诸多关于儒家伦理思想的著述，既涉及天人关系等宇宙论，又涉及知识论、方法论等方面；既有对儒家思想的整体理解，也有对其基本范畴的溯源和厘清；既有对传统儒家思想尤其是先秦儒家思想的肯定，又有对不合时宜的旧框架的批评；既有理论上的分析评价，又有自身行为上的践行。周辅成首先注意到的是儒家思想的发展变化：先秦以后的儒家思想，无论是在形式上还是在内容上都有很大的变化，这种变化是随着社会经济、政治、文化的发展变化而产生的。董仲舒的儒家思想和先秦的儒家思想有很大不同；宋明理学和董仲舒的思想又有所不同。不仅如此，宋明理学的思想里还吸纳了道家和佛学的思想内容。无论我们说这些结果是儒家思想所具有的理论开放性使然，还是儒家思想在发展过程中面对异质思想的挑战所表现出的屈从性，都不能否认，儒家思想两千多年的发展是经历了一个曲折复杂的变化过程。但是，问题在于：在变化过程中，儒家思想的基本精神内核有没有改变？若有所改变的话，是在何时、何等程度上的改变？历代儒家纷繁复杂，究竟谁才是真正的儒家？儒家基本精神、宗旨和要义到底是什么？为什么考察儒家基本精神一定追溯到儒家学派初创时期的先秦时代？正是对这些问题的深入思考，促使周辅

---

① 周辅成. 周辅成文集（卷Ⅰ）[M]. 北京：北京大学出版社，2011：274.

成对先秦儒家伦理思想及其基本精神进行了开拓式探索。

周辅成把对儒家思想精髓的深刻理解建立在公正、人道、启蒙等伦理学观念之上，以哲学家的眼光，从宇宙论、认识论的角度对儒家伦理思想进行评析，并做出独特的阐释。他强调，作为理想主义的先秦儒家伦理思想具有源自天道的内在公正性。儒家把这一公正性融合于政治，落实于伦理，贯通于天人之际。他从人性论的角度看待先秦儒家思想里的"仁"，以人道主义的观点理解先秦儒家的民本思想，认为先秦儒家思想就是中国古代的人道主义。从对人的价值、地位和尊严尊重的立场出发，他认为君主专制制度是对人性的摧残，因此更多强调专制思想与先秦儒家思想基本精神之间的紧张和冲突。也正是基于此，与先秦儒家思想相比，他把经由董仲舒改造并被汉武帝"定为一尊"的儒家思想看作儒家思想史上的重大转变，同时提出了"儒分朝野"的思想观点。他以"自我道德"为根本来解读儒家思想的"内圣"，以"人本""公正"等思想为基础解读儒家思想的"外王"。周辅成对儒家思想的独到认识形成了自己的风格。也正是因为周辅成对儒家思想的独特阐发，再加上他"知行合一""学命一体"的高尚行为品格，本文认为周辅成不仅是一位哲学家、伦理学家，也是现代新儒家又一代表人物。

（二）对人道主义立场的坚持和为伦理学学科建设所做的贡献

二十世纪六七十年代，儒学、儒家思想被作为"非无产阶级思想"遭到前所未有的批判和扫荡。在"以阶级斗争为纲"为主导的思想领域内，不但儒家思想的研究和探索面临这样的厄运，西方哲学、伦理学同样以其"资产阶级性质"遭到批判。在这样的环境下，周辅成对人道主义思想立场的坚持更是一个曲折而艰难的历程。

新中国成立后，思想界多次出现反对人道主义的风潮。二十世纪五六十年代，人道主义被作为苏联的"修正主义""社会民主主义"和国内"修正主义"的一个突出表现加以批判。六十年代，有关部门为了批判"修正主义"而组织编写《文艺复兴至十九世纪哲学家政治思想家关于人性论人道主义言论集》。受命编写这样一个批判人道主义的言论集，作为一个通晓中外哲学思想史的专家和伦理学家，周辅成既要完成上面交给的任务，又要坚持自己内心对真理的遵从。那个时候，他深知对待人性论和人道主义问题的态度在当时绝对是一个"大是大非"政治立场问题。但是在编写过程中，周辅成仍然实事求是，严谨、客观公正地合理评价。虽然这部书最初出版的目的是供批判"资产阶级人性论"使用的，后来它却成了国内学者们对西方人道主义、人性论研究和人学思想史研究的重要参考书。在这本言论集的序言中，编者周辅成以非常客观的笔调评价了"资产阶级人性论和人道主义"在人类历史上的进步意义。除去那些在当时社会政治背景下不得不表明的"阶级立场"言论，可以说这个《序言》是对张扬人性和彰显人的尊严及价值的一种赞美。在《序言》里，他一反当时流行的"大批判"文风，客观地把从文艺复兴到十九世纪的这段人道主义思想发展史分为三个阶段，并对其历史进步性进行了明确肯定。后来他又为这个《序言》进行了补充，他写道："20世纪的人性论与人道主义思想，实际上是19世纪的继续。不过，社会主义的人性论，人道主义却更为壮大，影响也更广。这也是发展的必然趋势。苏联的斯大林，提倡集体主义，后来，他的对手便以人道主义来补其缺点。至于西欧的社会主义，几乎全都大讲特讲人道主义，这也可算是时代的特点。"[①] 这段话具有不同凡响的理论意义：一是周辅成对自己苦心孤诣选编这部书的价值进行了肯定，表明了他对人道

[①] 周辅成. 周辅成文集（卷Ⅱ）[M]. 北京：北京大学出版社，2011：76.

主义的坚持；二是他明白地指出，正是人道主义弥补了苏联斯大林式"集体主义"的缺点和危害，人道主义诉求是20世纪人类社会发展的大趋势。

二十世纪的八十年代，在大陆学术界进行过一场关于人道主义和异化问题的大讨论，这是新中国成立以来规模最大的一次意识形态争论。在这场争论中周辅成没有参与其中，"也许周先生没有积极现身的一个原因，是他想说的已经在那本'言论集'的序言中说过了。"① 然而他并没有沉默，在此期间他写下两篇文章，一篇是《论人和人的解放》，另一篇是《谈关于人道主义讨论中的问题》，尤其是前一篇文章，更进一步清晰地表明了自己学术上的人道主义立场和态度。与某些伦理学教科书相比，这篇文章的观点独到，让人耳目一新，在人学和人性论研究方面具有开拓性意义。后来，周辅成用这篇文章的篇名作为选编文集的书名，由此看出他对此文的颇深用意。然而，周辅成无意作为论战的任何一方参与讨论，而是从学术的角度中肯地提出自己的看法，指出这次大讨论对人道主义思想发展的积极意义。在文章的开篇，他写道："现在，很多人都在直接地或通过异化的讨论间接地研究人性论和人道主义。这是令人发生兴趣的学术趋向。"② 但是，由于当时大部分的人们都把目光聚焦在其他理论上，周辅成关于人道主义的一家之言没有引起足够的重视。

新中国成立以后，作为一个颇有成就的哲学家、伦理学家，看到伦理学这个古老的哲学学科遭到冷遇，周辅成非常忧虑。他曾一度努力倡导建立伦理学，呼吁恢复伦理学学科的重建，也曾经得到过当时领导部门一些人的支持，多次召集座谈会以听取新中国成立前研究过或者讲授

---

① 赵修义. 周辅成先生与人道主义大讨论 [J]. 探索与争鸣, 2014 (1): 78.
② 周辅成. 周辅成文集（卷Ⅱ）[M]. 北京: 北京大学出版社, 2011: 106.

过伦理学的学者们的意见。但是，后来由于"反右"的政治运动，伦理学学科的重建工作被迫中断了。二十世纪五十年代末、六十年代初，当他了解到当时的苏联也在进行恢复伦理学的研究与教学工作的时候，又热情高涨起来。当时的情况是，苏联从对外宣传部调出一位专门批判西方资产阶级道德现象的学者施什金到莫斯科大学哲学系讲伦理学课，施什金很快便和一些学者拟定了一个"马克思主义伦理学教学提纲"，在报刊上发表以征求意见，我国期刊也立即译出。不久施什金又以个人的名义出版了一本内容粗略的《共产主义道德概论》，这算是苏联第一本完整的伦理学书。这本书保留了斯大林时代"阶级斗争"的语言风格，后来周辅成坦诚地说，由于当时正值一个接一个的政治运动，所以也不觉得他这本书说得不对。"反右运动"过后不久，上级又开始重视伦理学的研究与教学。1960年周辅成第一次在北京大学哲学系开设了西方伦理思想史课程，1963年他又以西方哲学专业西方伦理学方向的名义招收了一个伦理学的研究生，这个研究生就是后来在中山大学任教的章海山教授。当时全国的哲学专业研究生只有寥寥数人，而章海山算是新中国成立后第一位系统地受过伦理学专业教育而后执教的伦理学教师，也是周辅成在"文革"前招收的唯一研究生。就这样，在中国，伦理学似乎又重新获得了生命。

然而当时在铺天盖地的各种政治运动的狂风暴雨下，伦理学这棵飘摇的幼苗在各种政治风向中命运多舛。当时苏联领袖赫鲁晓夫与中共发生了严重的意识形态分歧，赫鲁晓夫认为苏联在斯大林时代大搞个人崇拜和个人迷信，以集权主义或"集体主义"的名义，清洗、秘密处死了数百万"不纯洁"的同志，因此，他要苏联共产党注重人道主义。从1963年9月至1964年7月，中共中央以《人民日报》和《红旗》编辑部的名义，相继发表9篇评论苏共中央公开信的文章，来批判所谓的

"赫鲁晓夫修正主义",继而又开始了反人性论、反人道主义运动。像周辅成这样从事伦理学研究的专家、教授都被推到了理论斗争的风口浪尖。当时许多人对赫鲁晓夫领导下的人道主义和伦理学研究还不知其详,甚至大部分人连"西方资产阶级"所主张的人道主义和人性论具体为何都不知晓。上述《从文艺复兴到十九世纪资产阶级哲学家政治思想家有关人道主义人性论言论选辑》一书就是在这个背景下编辑出版的。此后虽然无产阶级"文化大革命"中断了对人道主义的批判,但是整个国家进入了空前的"十年浩劫"。这就是从1949年到1978年近30年间伦理学这一学科的命运。

从二十世纪的五十年代到八十年代,为了让国内学界更多地了解西方伦理学的思想和发展,周辅成付出了各种艰辛的努力,哪怕是在伦理学研究受打压和限制的紧张时期,他依然极力坚持。1964年他编辑了《西方伦理学名著选辑(上卷)》。从此书的编者前言来看,这部书实际选编工作从1954年就开始了,其目的就是"为了帮助同志们学习马克思主义以前伦理思想的发展而提供的一些资料"[①]。20多年后的1987年,周辅成又编辑出版了《西方伦理学名著选辑(下卷)》。为了方便学者们的学习和参考,针对书中每一部名著的作者,周辅成都撰写了简介和评论,并在书末附上了《伦理学词语主题索引》。《索引》包括1710个条目和224条句子,其中原文为古典语的条目还注有希腊文或拉丁文的来源。两代伦理学学习者和研究者都得益于这两卷书,甚至直到今天它们仍然是国内研究西方伦理学的重要参考资料。1987年,他还召集、组织自己的同行和一些研究生们编写了《西方著名伦理学家评传》一书,系统介绍了西方七十多个主要伦理学家的基本思想、历

[①] 周辅成. 西方伦理学名著选辑(上卷)[M]. 北京:商务印书馆,1964:1.

史地位和思想的发展脉络，填补了国内在西方伦理学史研究方面的空白。

中共十一届三中全会以后，像百废待兴的其他学科一样，伦理学又一次面临着建设发展的新机遇。由于对新伦理学的研究还在刚刚起步阶段，一些新上岗的教师急于开课，遂以苏联的成果为蓝本，还有一些教师以中国台湾地区的教科书作为参考。周辅成认为，我们没有与苏联完全相同的社会和历史背景，不能照搬他们的理论体系，当然也不要照搬西方模式，而是要自己独立创造。他鼓励青年学者要有自信心，有怀疑精神，有创新精神。有几位青年学者不满国内源于苏联施什金版本的教材内容里把其中有关人道主义的内容删去，把质疑投向集体主义，而且把目光聚焦到教科书体系之外的公平、正义问题，他们在《光明日报》上发表集体文章表达自己的观点，却遭到一些势力的打击。周辅成十分厌恶和反对这种在学术和理论争辩中随意"上纲上线"甚至给研究者"定罪"的做法。他对青年学者们非常可贵的怀疑精神给予肯定，认为这至少是对当时流行的抄袭苏联伦理学做法的一种怀疑，也可以说是一种理论上的独立创造。

八十年代后期到九十年代，在新伦理学的建设过程中，许多青年学者走独立创新的道路，使得新的学术著作不断问世。这些著作跟先前承袭苏联的伦理学成果、模仿中国台湾地区的一般教科书的内容大不相同，主要集中在伦理学新理论中的主体论伦理学、人学价值伦理学理论、社会公正理论等方面，在中国伦理学界产生了很大影响，也为中国的伦理学建设带来了生机。八十年代后期，退休后的周辅成欣慰于伦理学界的新气象，对中国伦理学的发展热情不减，撰写文章鼓励青年学者们为中国新伦理学的理论建设做出更大的贡献。1996年周辅成发表了《中国伦理学建设的回顾与展望》一文。在此文中，作者表达了他对二十一世纪中国伦理学建设的展望和期待。他说新世纪的中国伦理学一定要改变抄袭别人的做法，不能再把苏联教科书中本来就不一定正确、不一定合理的理论（周辅成认为施什金似乎就没有弄清楚政治原则和道德原则的区别）当作金科玉律，还原伦理学作为哲学一个重要分支的本来面目。当然，在这个过程中，也不能全盘走西方模式的路子。周辅成站在全球的高度，洞察伦理学的发展动向，认为西方伦理学理论的发展也有很多缺陷，我们不可不加选择地照搬。他又进一步指出了二十世纪西方伦理学理论所具有的空虚性和脆弱性：G. E. 摩尔（G. E. Moore，1873—1958）用逻辑分析的方法，使"善"变成了不可定义的概念，认为"善"只能凭直觉体会，以至于大部分的伦理学范畴都可作如是观，这等于把伦理学逐出理论学科之外。而继承这种理论的逻辑分析学派或者元伦理学学派，把问题变得更为严峻，这对于伦理学来讲与其说是建设不如说是消解。后来出现的伦理学理论所做的修补又常常是非常平庸化抑或变成一种折中主义，甚至包括有巨大影响力的罗尔斯的正义理论。周辅成认为，二十世纪的伦理学比之十七八世纪的启蒙伦理学〔其代表人物为培根（Francis Bacon，1561—1626）、蒙田（Michel de Montaigne，1533—1592）、卢梭（Jean-Jacques Rousseau，1712—1778）、康德等〕和十九世纪向"无限"进军的伦理学〔从康德至尼采（Friedrich Wilhelm Nietzsche，1844—1900）〕逊色很多。尽管从整个西方的伦理学发展史上看，二十世纪的伦理学不尽如人意，但这也许正是世界伦理学给中国学者留下的发展中国新伦理学的契机。我们不但要吸收借鉴西方几千年来反映人类道德规律的伦理学思想，还要继承中国优秀的伦理思想传统，面向二十一世纪的中国现实，抛弃那些鹦鹉学舌式地从苏联抄袭来的、不合时宜的伦理学概念，建立起反映中国老百姓自己道德生活的人民伦理学。中国的新伦理学只有充分利用自身资源培养自己的模式,才能走出一条新路。因此,新的伦理学的建立需要我们有独立创新的宏大气魄,"人,如果不是'语语出自丹田(内心)',谁愿老是听你只从喉管发出的声音,或者重复他人讲过的废话!"① 周辅成的话语今天依然振聋发聩。

周辅成对新中国伦理学的学科建设和发展可谓呕心沥血。同时,他在一生的教育生涯里,教书育人,对学术后辈精心培育、悉心教导、无私支持。改革开放以后,他招收研究生,并倾其全力培养出一批伦理学的杰出人才。在伦理学界的老中青三代学者中,有很多人都受过他的教诲,其中不少人已成为中国伦理学界的精英。

三、研究领域和主要著作

尽管周辅成未曾撰写过大部头的"伦理学理论"之类的书籍,但他还是给我们留下了丰富的、有关他伦理思想的著作和论文。这些论著是周辅成留给后人的宝贵精神财富,也是我们研究周辅成伦理思想的珍贵素材。这里把周辅成的部分论著、编著及出版、发表年代进行简要的整理,以便读者参考:

《伦理学上的自然主义与理想主义》(1932年,刊于《新中华》一卷9—10期,中华书局出版)

《歌德与斯宾诺莎》(1932年,原发表在北京《晨报》副刊,后收集在宗白华先生等合著的《歌德之认识》一书,南京钟山书店出版)

《格林道德哲学》(1932年,本文初稿在1932年分段发表于北京《晨报副刊》;1934年经修改,全文发表于《清华周刊》"哲学专号")

《康德对于哲学的见解》(1932年,本文原刊于北平《晨报》之

---

① 周辅成. 周辅成文集(卷Ⅱ)[M]. 北京:北京大学出版社,2011:451.

"歌德逝世百周年纪念号"，后收入1933年南京钟山书局出版的《歌德之认识》一书）

《康德的审美哲学》（1933年，本文原刊于《大陆》第六期，南京书店出版）

《克鲁泡特金的人格》（1934年，本文原刊于《天津益世报》副刊《社会思想》第73期、第74期）

《中国文化对目前国难之适应》（1938年，本文原刊于《新西北月刊》第二卷一期）

《哲学大纲》（1941年，本书由正中书局于1941年首次出版）

《论莎士比亚的人格与性格》（1942年，本文原刊于《理想与文化》第3期、第4期合刊，后收入作者论文集《论人和人的解放》，华东师范大学出版社，1997年）

《冯桂芬的思想》（1953年5月，本文原刊于1953年的《历史教学》第九期，后收入上海人民出版社于1958年出版的《中国近代思想史论文集》）

《荀子的认识论》（1954年4月，本文原刊于《光明日报》）

《"秦汉之际"的政治与思想》（1954年8月，本文原刊于《光明日报》）

《评〈中国古代思想史〉》（1954年9月，本文原刊于《新建设》，此《中国古代思想史》为杨荣国著，三联书店，1954年5月初版）

《评两本关于先秦诸子的著作》（1956年10月，本文原刊于《读书月刊》，此两本关于先秦诸子的著作为《先秦诸子的若干研究》《先秦诸子思想概要》，杜国庠写成于新中国成立之前，后在1956年重新印行）

《必须重视祖国哲学遗产的特点和价值》（1957年，本文原刊于

《中国哲学史问题讨论专辑》，科学出版社出版）

《魏晋南北朝时期唯物论思想的发展》（1957年2月，本文原刊于《历史教学》）

《戴震——18世纪中国唯物主义哲学家》（1956年8月，本书初稿刊于1956年8月的《哲学研究》，后加以完善由湖北人民出版社于1957年出版）

《戴震在中国哲学史上的地位——纪念戴震逝世280年》（1957年6月，本文原刊于1957年10月的《安徽历史学报》）

《荀子》（1957年，本文原刊于《中国青年》1957年第21期中国思想家人物志专栏）

《陈炽的思想》（1958年，本文收入上海人民出版社于1958年出版的《中国近代思想史论文集》）

《郑观应的思想》（1958年，本文收入上海人民出版社于1958年出版的《中国近代思想史论文集》）

《论〈淮南子书〉的思想》（1960年，本文原刊于1960年4月的《安徽史学》）

《论董仲舒思想》（1961年，本书由上海人民出版社出版）

《西方伦理学名著选辑》（1965年，商务印书馆出版）

《从文艺复兴到十九世纪资产阶级哲学家政治思想家有关人道主义人性论言论选辑》（1966年，商务印书馆出版）

《西方著名伦理学家评传》（1987年，上海人民出版社出版）

《论人和人的解放》（1997年，包含的主要论文有：《亚里士多德的伦理学》《希腊伦理思想的来源与发展线索》《近代哲学家、政治思想家的人性论与人道主义》《论当代西方的道德现实与道德理论》《论人和人的解放》《开展西方伦理思想史研究的几点意见》《论当前农村社会的社会风气》《孔子的伦理思想》《论人民传统与文化》《唐君毅的新理想主义哲学》《许思园的人生境界和文化理想》《吴宓的人生观和道德理想》《伦理学与道德生活散论》《论社会公正》《关于西方"人学""人论"的看法》《我所亲历的20世纪》《中国道德传统的特色》《论中外道德观念的开端》《对科学与道德关系的一点看法》《中国伦理学建设的回顾与展望》等25篇文章，华东师范大学出版社出版）

《论"礼失而求诸野"》（2000年10月初稿，2004年1月修改完稿）

周辅成先生去世两年后的2011年，北京大学出版社出版了两卷本的《周辅成文集》（卷Ⅰ、卷Ⅱ），上述大部分论文都收录在此文集中；2013年，武汉大学出版社出版了一卷本《周辅成文集》。

第二章 周辅成伦理思想的来源、方法论和思想特征

第一节 周辅成伦理思想的来源

周辅成的伦理思想主要有三个方面的来源：一是西方从古希腊到近代伦理思想发展过程中所表现出来的人文精神和正义观念；二是近代西方，尤其是文艺复兴后启蒙思潮的启蒙精神；三是中国先秦儒家思想的民本精神。

一、人文主义思潮

在西方哲学史上，人文精神源远流长。古希腊是较早进入哲学思考的民族，其哲学家们对自然和人生进行的哲学思考蕴含着丰富的人文精神。周辅成十分重视对古希腊伦理思想的研究，并从中撷取人文思想的果实。虽然中世纪的人文思想并非乏善可陈，但是周辅成更加向往产生于文艺复兴时期的人文主义思想，它冲破了教会对人性的压抑，又引导了随之而来的启蒙运动。这里选取三个要点来说明西方人文精神对周辅

成伦理思想的影响：一是苏格拉底（Socrates，B.C.469—B.C.399）前及同时期的哲学家们所做出的人文思考，这些思考具有原初的人文意义。二是亚里士多德（Aristotle，B.C.384—B.C.322）的伦理学。亚里士多德是古希腊伦理学的集大成者，他的幸福观和公正理论对后世产生了巨大影响。三是霍布斯（Thomas Hobbes，1588—1679）的伦理思想。霍布斯是自由主义的理论先驱，其伦理思想申明了人的自私自利的本性，提出了以"自然法"为基础的"社会契约"学说。

（一）苏格拉底前及同时的伦理思想和人文精神

苏格拉底前与同时期的伦理思想派别，主要包括毕达哥拉斯学派、赫拉克利特（Heraclitus，B.C.544—B.C.483）、德谟克利特（Democritus，B.C.460年—B.C.370）、智者派与普罗泰戈拉（Protagoras，B.C.490—B.C.420）的伦理思想。

1. 毕达哥拉斯学派的伦理思想

毕达哥拉斯学派的伦理思想非常看重来世的生活，把对人生的思考建立在畏神畏死的观念上。由于受东方神秘宗教的影响，毕达哥拉斯学派的哲学家们相信世界是神与魔鬼斗争的场所，并主张生死轮回。他们把人分为三类：爱智慧的人、爱荣誉的人、爱利益的人；人的灵魂也被分为三个部分：理性、勇气、欲望，而教育与道德的目的就是使这三者平衡。他们用"数"来说明和解释道德上的和谐与秩序，"数"的发展是形式的发展，也是形而上的发展，比如，公正就是数的平方（如三乘以三为九），也即是相等的还报。他们是较早谈论公正话题的学派，而且抽象地讲出公正本身的实质是相等的还报。后来的思想家们在考虑公正的问题时，无论是谈权利和义务，还是谈利益的增减计算，似乎都没有离开这个基本范畴。不过，毕达哥拉斯学派对生活持有悲观的态度，他们认为现实世界不能获得真正的和谐与幸福，相信只有少数的智人才可得以解脱。

2. 赫拉克利特的伦理思想

赫拉克利特是一个世界观非常积极和进步的哲学家，他的学说认为"火"产生了一切，一切又都归复于火。赫拉克利特的一些关于人和人生的名言，即使在今天也都是人们所熟悉的："人的性格，就是他的命运""人民应当为法律而战斗，就像为自己的城垣而战斗一样""最美丽的猴子，与人比起来，也是丑陋的""太阳，每天都是新的"①，等等。在周辅成看来，赫拉克利特的伦理思想集中在一个"新"字，它可以概括为几点："新"和谐的观点，是道德生活的理论基础。和谐的最后基础是人人都具有的逻各斯（Logos），人人皆与自然规律一致，这种一致就是和谐的来源。"新"的善恶标准就是："如果没有那些非公正的事情，人们就不知道公正的名字""善与恶是一回事"。②"新"的生死、幸福观是"相反相成"的："在我们的身上，生与死、醒与梦、少与老，都始终是同一的东西。后者变化了，就成为前者，前者再变化，又成为后者。"③ 周辅成的伦理思想也有"社会公正来源于社会的不公正"的观点，他在考察公正的起源的时候，首先注意的是社会本身出现了哪些不公正现象。在现代社会里，如果一个社会大多数的人们越来越迫切地要求公正，那一定是社会的公正出现了大问题。应该说，周辅成的这一思想来源于古希腊的赫拉克利特。

3. 德谟克利特的伦理思想

德谟克利特是和苏格拉底、柏拉图（Plato，B. C. 427—B. C.

---

① 周辅成，编. 西方伦理学名著选辑（上卷）[M]. 北京：商务印书馆，1966：11—14.
② 周辅成，编. 西方伦理学名著选辑（上卷）[M]. 北京：商务印书馆，1966：12.
③ 周辅成，编. 西方伦理学名著选辑（上卷）[M]. 北京：商务印书馆，1966：13.

347）差不多同时期的哲学家，他是"原子"论的提出者，认为世界由原子构成，社会由人构成，而人是从地里出来的，并不是被创造出来的。他认为道德生活来源于经验与理智，因此在哲学上，德谟克利特被认为是柏拉图最强大的对手。关于道德的性质与内容，德谟克利特提出了新的见解：以理性代替神；道德上的错误是由于对善的无知；良心与义务的来源是在于听从理性与客观规律，并认为这才是真正的道德生活。虽然这种良心与义务观在古埃及和希伯来的《圣经·旧约》中早已广泛应用，但他是古希腊较早传播这些观念的人。他还"勇敢"地提出新的认识，认为"勇"必兼内外，也即是说，人不仅仅要具有对外世界（天、地、人）的矛盾之"勇"，对内也必须勇于实行自己的义务。也许是受到古希腊哲学的启发，周辅成也非常注重"勇"。他在《孔子的伦理思想》里论述了"勇"在"反省道德"中的重要作用，阐发了孔子对"勇"的认识，并指出后来的儒家对"勇"的忽视。

4. 智者派与普罗泰戈拉的伦理思想

周辅成对"智者"一词进行了考证："智者"（英译为 Sophist）一词，在诗人平德尔的诗中原指诗人；在悲剧家埃斯库罗斯的剧中指音乐家；在希腊"七贤人"时期指教师；公元前五世纪则指散文作家。[①] 因此，不能一提到智者，就把他们看作是诡辩者。在智者派发展早期，普罗泰戈拉为其代表人物，他有一名言："人为万物的尺度"（"人是世间万物的尺度，是一切存在的事物所以存在的尺度、一切非存在事物所以非存在的尺度"[②]）。因此，智者派运动被后人称为"人道主义的启蒙运动"（Humanist Enlightenment）。智者派存在的时间不长，随着希腊城邦的灭亡便消失了。普罗泰戈拉这些伦理思想可以代表智者派运动的基

---

① 周辅成. 周辅成文集（卷Ⅱ）[M]. 北京：北京大学出版社，2011：169.
② 周辅成编. 西方伦理学名著选辑（上卷）[M]. 北京：商务印书馆，1966：27.

本思想：道德是善良公民的条件；人类胜过动物全依仗道德；道德与技艺是同类的，都可以学习和传授；人人都拥有道德，因为没有自认为是不公正的人，所以没有自愿做坏人的人。周辅成认为，普罗泰戈拉的人人皆有德性的说法是非常具有民主性的见解。如此便意味着人人都有可尊敬之处，这本身是对每个人价值的肯定。

(二) 亚里士多德的伦理学

古希腊哲学家亚里士多德是西方伟大的思想家，他的伦理学思想自成一体，对后世有巨大的影响。周辅成有论著专门讨论亚里士多德的伦理学。周辅成把亚里士多德的伦理学与中国古代的儒家伦理思想进行对比，并指出：人类在道德发展方面，东西方有着相近的观念，遵循着共有的规律。这里从对亚里士多德伦理学的几个主要概念的讨论入手，来简单介绍亚里士多德的伦理学以及周辅成对亚里士多德伦理学的独特审视。

1. 幸福

"亚里士多德伦理学的第一个特点就是：从经验和现实社会去探索道德的根源"[①]，亚里士多德认为，道德虽然有赖于天性或自然，但更有赖于人为或习惯，周辅成把这个过程用一个词——"天生人成"——来概括。亚里士多德的幸福观念是对柏拉图的"善的范型"的反对。柏拉图说道德的目的是响应超越的、理念世界中的"善的范型"之号召，从自我探险中寻求道德的基础，为道德而道德；而亚里士多德则认为"善"就是一切事物所要追求的东西，人生和道德的最后目的除了追求幸福之外没有别的目的。幸福不仅是最高的善，而且存

---

① 周辅成. 周辅成文集（卷Ⅱ）[M]. 北京：北京大学出版社，2011：11.

在于现实的社会之中，每个人都可以得到它。"幸福"或者"至善"的性质取决于人的功能，人的功能的发挥要有三个方面的基础，那就是天性、习惯和理性。周辅成把亚里士多德的道德来源论概括为"天生人成"。天性、习惯和理性这三个部分之间的关系是：天性和理性是人本身所具有的力量，而具体怎么发挥则必须有习惯相助。周辅成指出，亚里士多德的这一道德来源说是在有意调和当时贵族派和民主派的矛盾，因为贵族派主张道德法律成于自然或神造，而同时民主派则主张道德法律成于制约或习惯。在他看来，亚里士多德的理论不在于一般的调和，而在于，经过亚里士多德的解释之后，贵族派所坚持的天性或自然，民主派所坚持的习惯或制约，其原来的意义都发生了改变。亚里士多德特别强调习惯之于道德的重要性：在希腊，"伦理"一词原本就跟"习惯"同义，这说明了道德一开始便和"自然"有所不同；道德跟五官的感觉也不同，因为感官并不是感觉活动的结果，而是它的原因，道德产生的机制则是先经由实践然后才有道德；另外，行为的好坏也有赖于人们行动的方法和方式。正是由于这个"道德出于天性而成于习惯"的理论，才使得在亚里士多德的道德学说里，他从来不把技艺上的善与道德上的善完全对立起来，也就是说他混合了价值意义上的善和道德意义上的善。他反对他的老师柏拉图所说的"善的范型"的理论，在亚里士多德看来，这一绝对的"善"是从具体事物中抽象而来的，它本身并不具有独立性，更不能作为标准。周辅成总结说，亚里士多德把道德的来源与基础放在天性、理性和习惯三者的一致上，并且从生物学、政治学角度论述道德的基础或者来源，所以他的伦理学被后人称为完成主义的伦理学。

亚里士多德的幸福观、道德来源说的性质特点不仅表现为对民主派和贵族派的调和以及对柏拉图"善的范型"的超越，还表现为人的道德求之于生活中的自我。亚里士多德在讲道德的基础或来源的时候，运用当时的生物学知识，认为道德通过习惯使其自身功能得以完成。苏格拉底和柏拉图说，道德要通过自身反省，求之于己，人要抛弃自身感情、欲望甚至身体，而寻求永恒的"善的范型"；而亚里士多德也讲求之于己，不过这种求己是求于具体的、活着的人本身，而不是以绝对的灵魂为寄托。亚里士多德讲道德尽管处处提到个人生活，但这种个人生活实际上是指现实的公民生活，他企图从具体的道德生活中找出客观的规律，即道德原理。这是伦理学发展的正确方向。

　　周辅成之所以能够准确地把握亚里士多德伦理学的起源论或理论基础，并进行了深刻的分析，是因为在周辅成的伦理思想中有这样的观念：把伦理学、道德理论落实到具体的人的道德生活之上，而不是寄托于灵魂、信仰或某种主义；把人性的东西放在道德实践当中，而非放在脱离现实生活的观念世界里。正是这一符合道德发展规律的认识观念，使周辅成认识到：无论是柏拉图"善的范型"，还是"绝对的灵魂上的寄托"，终究都没有把道德基础还原到生活在现实当中的人之上，在这一点上，亚里士多德较之苏格拉底和柏拉图是一个超越。当然，在周辅成看来，由于历史局限性，亚里士多德的道德起源论也非十分完美，他所说的幸福并不是面向所有的人，因为他所讨论的幸福是以城邦的政治生活为条件的，也就是说幸福只属于理想城邦的公民。也正是由于周辅成有这样的观念认识，所以周辅成十分重视亚里士多德"天生人成"的道德来源论中的"人成"，强调"习惯"在道德中的作用。基于此观念，周辅成还有意识地从道德规律角度来把握亚里士多德的幸福论。周辅成注意到，亚里士多德"求绝对的善，乃从一般人的意见下手，即把人类社会中多种意见集合起来造成一比较完全的定义"①,并且能够在伦理学中应用归纳法,试图从具体的道德生活中发现道德的规律。

2. 中庸和公正

在周辅成看来,亚里士多德伦理学的第二个特点是,彻底地应用了中庸原理的德目论,依赖于理性和意志充分发挥中庸在道德中的重要作用。在论述道德生活的具体内容时,根据"天生""人成"的道理,亚里士多德指出:"种种德行皆寄于道德的意志。""这种意志,其性质有三点可言:(a)有自己的选择能力;(b)这是自动的选择,而非被动的选择;(c)这种自动选择,有人的考虑、慎思在其中。"② 这说明了道德是意志选择的结果,是在实践上的表现,而不仅仅是一种愿望。"这一道理补充、修改了'知识即道德'的原则,区别了理智与意志,或知识与道德。亚里士多德肯定了意志在道德中的重要作用,他虽然未曾明白提出自由意志的问题,但他的理论中已包含有这一问题的意义。"③ 而中庸正是意志选择所要凭借的标准。他在这里看到了伦理学上自愿和非自愿的区分,提出了"智性之德"与"意愿或意志性之德"的区别。这个区分使后来的伦理学研究者知晓了意志自由的重要,从而引起了中世纪以来关于意志自由的争论。康德哲学在这些争论中脱颖而出,康德重视智、情、意的区分,强调道德优于理智,康德的结论至今都是令人信服的。

其实在亚里士多德之前就已经有了"中庸"的说法。比如,梭伦认为"中庸"就是"保护两方,不让任何一方不公正地占居优势""自由不可太多,强迫也不应过分";阿波罗神庙的门上也写有"不过度"

---

① 周辅成. 周辅成文集(卷Ⅱ)[M]. 北京:北京大学出版社,2011:17.
② 周辅成. 周辅成文集(卷Ⅱ)[M]. 北京:北京大学出版社,2011:18.
③ 周辅成. 周辅成文集(卷Ⅱ)[M]. 北京:北京大学出版社,2011:18.

的字，后来很多艺术家们奉这一词句为金科玉律。然而，之前对于"中庸"的理解，每个人的意见并不一致，是亚里士多德进一步发展"中庸"之道，并把它看作伦理学的中心。亚里士多德说"中庸"就是道德，"所以德性是一种凭选择所得的习性，它的特点在于'适度'，或遵循适合各人的'适度'。这个'适度'是理性原则所规定的，也就是有实践智慧的人，用理性所决定的。德性之所以表现为一种'适度'，第一，因为德性是二恶之间的中点，一恶在过度的一边，一恶在不及的一边；第二，因为二恶是在感情或行为方面超过或达不到适当的量，而德性则能发现和选择这个'中道'的或'适度'的量（中道即中庸）。"① 但问题的困难在于，"中庸之道"的平衡点不易找到，更难于维持这种平衡。亚里士多德认为艺术家、科学家之所以能取得成就则在于他们能够遵循"中庸之道"，艺术家能够以"中庸之道"为理想，则道德行为更应该以"中庸"为理想，因为人的道德生活便是自然生活之一，艺术本身不过是对自然的模仿。"'中'，与其说是方法，毋宁说是一种理想或目的。亚里士多德在这里完全顺从现实，是彻底的现实主义者（Realist）。"② 亚里士多德认为要达到"中庸"是困难的，但是要达到"中庸"也是有规则和经验可以遵循的，他的中庸原理是充分发挥人的天性、理性、习惯三个重要基础的结果。

3. 公正及友爱

除了讲"中庸"之外，亚里士多德还讨论了公正、友爱等德目。关于公正，他和柏拉图一样都认为"一切德行，都寄于公正之内"，虽然公正是"中道"之一，但这个"中道"却至为重要。他的一些关于公正的论断，至今仍被奉为经典。在他那里，公正是贯彻一切德行的最

---

① 周辅成编. 西方伦理学名著选辑（上卷）[M]. 北京：商务印书馆，1964：297.
② 周辅成. 周辅成文集（卷Ⅱ）[M]. 北京：北京大学出版社，2011：537.

51

高原则，个人道德和社会道德都依靠它。周辅成认为亚里士多德讲公正，其最大的特点，也是他最大的贡献，则在于走入现实中。亚里士多德十分细致地将现实中的公正进行了分类，区分了社会中的"自然的公正"和"约定的公正"。这一思想是学术界区分社会和道德生活，分别地讲"自然"（Nature）和"约成"（Convention）的先导。亚里士多德还分析了分配的公正、矫正的公正、回报的公正、政治的公正等，这些创见此后成为经济学、法律学、政治学赖以成立的依据，这是他在哲学、伦理学及上述诸学科上的重大贡献。他认为公正就是城邦的秩序，过城邦的生活就要遵守城邦的公正规范。但是，周辅成也指出，亚里士多德所讲的公正是只有利于奴隶主的公正，它不承认劳动人民有人格。他想以平等来讲公正，但他首先承认人是不平等的，这就是假借平等的名义来维持不平等。这是时代的缺陷，也是亚里士多德伦理学的不足。另外，他把公正本身解释为"一种中道状态"，而"中道"的公正却要靠人依赖天性、理性、习惯来把握，这种道德生活只是感情和行为上的事，而不是客观事物之间的关系，所以说，他的"中道的公正"其实也只是一种主观抉择的结果。

  周辅成还注意到亚里士多德伦理学的另一个特点：当亚里士多德把中庸的道德观应用于现实生活时，依据现实生活中的执政者、公民和奴隶三种不同阶层的人，把社会生活中的道德分为三种，即执政者的道德、公民的道德、奴隶的道德，而且以统治者的道德为中心。他区分了"善良公民的道德"与"善人的道德"，前者针对一般公民，后者针对贤良的统治者。而正是由于这一特点，亚里士多德伦理学的基础被一些人武断地认为是所谓"奴隶主阶级"的人性论，其实这种认识是一个偏见。原因在于，其一，他认为在国家中奴隶是可以有道德的。在这一点上，他比柏拉图的思想更为进步。在《政治学》（第Ⅰ卷）里亚里士多德说"从一方面说,奴隶也是人,也有理性,若说他们无德行,似属荒谬。对于妇女与儿童,亦如此"。他认为主人的道德与奴隶的道德是不同的,但这一区分有其社会的原因:在当时的条件下,奴隶的道德只能是服从的道德,因此要去除他们"勇敢"的特性。其二,亚里士多德之前以普罗泰戈拉为代表的智者派主张"人是万物的尺度",是以人为中心讲道德。这里的"人"指一切现实的人,无论贵贱智愚都是一律平等的人。亚里士多德并不完全反对他们的观点,可见亚里士多德还是赞同以所有现实的人为中心讲道德的。他把道德分为三种不同的道德,只不过是由当时希腊社会政治生活的现实状况所决定的。

由于亚里士多德的伦理学、哲学思想所具有的现实性,周辅成对于亚里士多德其人有很高的评价,尽管周辅成并非完全同意亚里士多德的各种理论,周辅成认为亚里士多德伦理学对后世伦理学的研究和发展具有开拓性意义。18世纪末,德国浪漫主义运动的先驱施莱格尔说过:"一个人,天生不是一个柏拉图主义者,就是一个亚里士多德主义者。"这个观点在西方哲学界广为流传。哲学上,柏拉图被认为是理想主义始祖,重视"理型"、理想;而亚里士多德则重视现实、生命,反对君主专制,拥护立宪政体。之所以亚里士多德的伦理思想对后来西方思想文化产生巨大而深远的影响,根本的原因在于亚里士多德正视和看重人的欲望。"在哲学或在人生哲学上,他注意到人的灵魂,称为'隐德来希'(Entelecheia;Entelechy)或'生生之德',是人的道德意愿(或意志)的根据。这个道理,亚里士多德在伦理学著作中并未明白地讲出来,但他在讲'中道'、追求'适度'时,却明白地承认现实中充满矛盾,这就是生命要求表现或表达出来的现象。人人皆有欲望,欲望也是生命的重要部分。他看重欲望,不像理想主义者反对欲望,甚至主张禁欲、绝欲；这是亚里士多德思想的特点。"① 亚里士多德的伦理思想对周辅成是有很大影响的，周辅成的伦理思想也包含了对人的合理欲望的肯定，尽管周辅成申明自己并不完全同意亚里士多德的伦理学理论，但周辅成确实从中汲取了很多伦理思想的价值营养。下面要谈到的霍布斯就是承认人的欲望、肯定人的自私自利本性、主张保障人的"自然权利"的伦理学家，也正因如此，霍布斯也成为周辅成深入研究的哲学家之一。

（三）霍布斯的伦理思想

周辅成把霍布斯作为研究和关注的对象，有两个原因。一方面是霍布斯的理论为自由主义的先声；另一方面是因为霍布斯的论证方式所依赖的理论架构颇具唯物主义性质。霍布斯继承了德谟克利特——伊壁鸠鲁的路线，在他的道德理论中主张人的自私自利和个人主义，其伦理思想集中体现在《利维坦》一书中。他用几何学的方法把人类的行为（思想、感情、感觉等）都归为一种物体运动、生物的活动，认为伦理学的根本问题是道德根源问题，而道德的根源存在于人的心理和生理之中，人的生理活动决定人的道德行为。外物运动刺激我们的身体（或感官），这就是感觉，人类活动总是先有感觉。在人类机体之中有一种"生命运动"，支持"生命运动"的器官是心脏而不是大脑。当它感觉对生命运动有帮助时，人就会产生"欲求的感情"，当它感觉对生命运动有阻碍时，人就会产生"厌恶的感情"，于是出现了人类的活动。由"欲求"和"厌恶"的基本对立，依次分别演绎为爱与憎、欢乐与悲哀、希望与失望，乃至道德上的善恶对立。"精神"的愉快和痛

---

① 周辅成. 周辅成文集（卷Ⅱ）[M]. 北京：北京大学出版社，2011：535.

第二章 周辅成伦理思想的来源、方法论和思想特征

苦虽然极其复杂，但它们在原则上并没有差异。霍布斯认为，他可以依据这样一种简单的心理机制推演出人们所经验的全部感情，这就是他的理论之中的道德根源。霍布斯也谈到意志问题，他认为意志并不是人类的特殊机能，而是一种有最后决定性的欲求。欲求是人类活动的基础，又是有助于生命运动的情感，对生命有利的，皆是善，对生命有碍的，皆为恶，自我保存是人类一切行动的基本动力。"一言以蔽之，支配一切行为的生理原则乃是自我保护，而自我保护则意味着个体的生物存在之延续。有助于这一目的的是善，而具有相反影响的则是恶。"① 人类都力求得以永久的保存和最安全的保存，所以他们为了谋求最大的自私自利而常常深谋远虑，政治和道德都是在这个意义上产生的。霍布斯设想人类在未过国家生活之前处于一种无政府的"自然状态"，在这一状态之下，无政府、无法律、无道德，每个人都为自己的生命和利益用尽一切力量，这种每个人对每个人都爪牙相见的"自然状态"就是战争状态。另外，每个人都有自然权利。霍布斯对于自然权利的定义是："自然权力乃是每一人有运用他自己的权力以求保全他自己的本性，即保全他自己的生命的自由。所以他可以有权利依据他自己的判断和理性去做他所认为最有利于自己的事情。"② 霍布斯认为"所有的人都具有一种普遍的倾向，即一种至死方休、永不停息地不断追求权力／力量的欲求"。野蛮人的生存状态和经过国家政权调整其行为后的状态之间，并没有正义与非正义、正确与错误之分，因为生活的唯一准则是"谁能获取什么便占有什么；谁能保证它多久便占有多久"，他显然认为野蛮人的生活最接近于这种状态。霍布斯伦理学理论的机械性显而易见，但他对自然权利的论

---

① [美]乔治·萨拜因. 政治学说史（下卷）[M]. 邓正来译. 上海：上海人民出版社，2010：143.
② 周辅成编. 西方伦理学名著选辑（上卷）[M]. 北京：商务印书馆，1964：664.

证却不缺乏合理性，因为他对野蛮人生活状态的描述，其"历史准确性对他来说却不具有重要意义，因为他的目的并不在于历史，而在于分析"①。

在霍布斯看来，由于人类有理性，是理性使其发现了自然法。"所谓自然法，乃是理性所发现的一种箴言，或普遍的规则。这自然法是用来禁止人去做伤害他自己生命的事情，或禁止人放弃保全生命的手段；并且命令他去做他所认为最可保全生命的事情。"② 霍布斯列举了十五条自然法，最为根本的就是第一自然法和第二自然法：第一，必须寻求和平，缔结社会契约；第二，每人应遵守契约不违。其他的大多是道德方面的信条。在霍布斯看来这就是社会和国家形成的来源，也是社会法律、道德观念的来源。周辅成认为霍布斯和格劳秀斯（Hugo Grotius, 1583—1645）一样都主张自然法，但霍布斯论证自然法的方式与格劳秀斯论证自然法的方式是不同的，因为霍布斯不认为人类的本性是善，也不相信自然状态是人类的乐园。霍布斯是自然法和社会契约论的进一步发挥者，他的自然法实质上就是道德的规律。正如乔治·萨拜因所说，"对于霍布斯来说，自然法所真正意指的乃是一套规则，而如果一个理想中的理性人完全意识到他在其间行事的整个环境而且不受一时冲动和偏见的影响，那么他便会按照这套规则去追求自己的利益"③。

周辅成总结了霍布斯伦理学说的特点：一是强调自爱、自利是人一切行为的动机，因为人都要为自己当前或长远的利益打算，所以道德离不开利害的计算。二是强调道德不是最后目的，而是一种手段。霍布斯

---

① [美]乔治·萨拜因. 政治学说史（下卷）[M]. 邓正来译. 上海：上海人民出版社，2010：144.
② 周辅成编. 西方伦理学名著选辑（上卷）[M]. 北京：商务印书馆，1964：664.
③ [美]乔治·萨拜因. 政治学说史（下卷）[M]. 邓正来译. 上海：上海人民出版社，2010：141.

的这些伦理思想特点的展现，是他的人性论观点的必然结果。他的伦理思想体现了作为政治原则基础的人性论主张：人的本性是自私自利的，所以要遵守自然法以保障个体的生存权利。作为自由主义理论的先导，霍布斯所建立的伦理学体系，是用来增强他的政治主张和理论基础的。不管他在契约论和国家理论方面如何被洛克（John Locke, 1632—1704）等人超越，他的伦理思想的价值意义仍在于申明和肯定了人的自私自利的本性，指出人为了"免除恐惧"必须经由建立保障自然权利的世俗国家的路。他的政治哲学直到19世纪被融进功利主义者的哲学激进主义和约翰·奥斯汀（Austin John, 1790—1859）的主权理论，才充分发挥其正面影响。霍布斯伦理思想的开创性，为后来的国家理论及人权、自由意识奠定了充满想象力的理论基础。在今天看来，自由、人权理念的普及是人类文明的大势所趋，也是人们的理性追求。1941年，美国第32任总统富兰克林·罗斯福在美国国会发表演说，宣布了四项"人类的基本自由"：言论自由、信仰自由、免予贫困及免予恐惧的自由。"免予恐惧的自由"是人的"生存权"的一方面，是一项基本人权。周辅成对霍布斯伦理思想的研究也反映了周辅成对自由主义的关注。

　　事实上，周辅成对西方各个时期的伦理学（古希腊罗马伦理学、中世纪基督教伦理学、文艺复兴时期的伦理学、近代西方伦理学、20世纪的西方伦理学）思想都有介绍和研究，这些介绍和研究散见于各类文章之中。他对这些伦理思想所表现出的人文精神进行批判的吸收，形成了自己的伦理思想和观点。在吸收进步、合理的观点的过程中，他有着自己所坚持的原则，其中有两点值得注意，第一，周辅成主张从现实的人的存在意义出发，而不是以神灵、理念、情感统摄道德领域的立场去研究伦理学，从而彰显出人的地位和价值。因此，在研究西方伦理学的过程中，他关注的是哲学家们对人自身认识的思考、善恶对于人的存在意义等这些问题。对亚里士多德的伦理思想进行分析时，他指出，尽管（由于历史的局限性）亚里士多德的伦理学并非面向所有的人，但他的伦理思想确实反映了古希腊哲学家们对伦理和道德规律的认识，在人以怎样的方式有价值地存在的问题上进行了探索。在对霍布斯的伦理思想进行讨论时，他从一般人性的角度出发，认为在霍布斯所提到的自然状态里人生来就是平等的具有其合理性。因为，人，平等而自私自利，才产生争斗；为了生存自保，才有契约意识。他指出，霍布斯的伦理思想，自然法、宗教法、国家法是相互统一的，三者内在地包含着真理性的思想，即人人都具有天生的平等性。第二，周辅成十分注重对公正思想的考察。他认为，公正是从古希腊，甚至更早就产生的社会道德规范，公正即是反映人类社会道德发展规律的一个标志。在他看来，人具有人性，也具有理性，同时人也具有自由选择的意志，有了这些，社会公正才可能成为人们的道德追求，人类的道德发展才会在"去恶扬善"的实现过程中完成生命存在境界的不断升进。

二、启蒙思潮

启蒙思想可谓是西方人文思想发展的成果，深刻体现了西方人文思想的精粹。波澜壮阔的启蒙运动所表现的启蒙意识和启蒙精神，也是周辅成伦理思想的又一重要来源。

启蒙运动是17世纪至18世纪，继文艺复兴之后欧洲第二次空前的思想解放运动。这一运动相信理性发展知识可以解决人类实存的基本问题，人类历史从此展开在思潮、知识及媒体上的"启蒙"，开启了现代化和现代性的发展历程。康德在1784年写过一篇著名的文章《什么是启蒙》，康德关于启蒙的经典论述至今为人所传颂："启蒙运动就是人类脱离自己所加之于自己的不成熟状态，不成熟状态就是不经别人的引导，就对运用自己的理智无能为力。当其原因不在于缺乏理智，而在于不经别人的引导就缺乏勇气与决心去加以运用时，那么这种不成熟状态就是自己所加之于自己的了。Sapere aude！要有勇气运用你自己的理智！这就是启蒙运动的口号。"[1] 因此，在康德看来启蒙就是"敢知"。从康德的话语来看，启蒙就是人类理性的自觉，是人类信仰的转移，即是从对上帝的信仰转变为对人类理性、人的自身价值和尊严的信仰，从宗教的思想枷锁和精神奴役中解放自我，所以启蒙的核心理念是个性自由和解放。

在西方，有关"启蒙"一词最早的说法来源于柏拉图《理想国》里的"洞穴之喻"。以光芒照亮事物引申为把知识、理性、教养等带给蒙昧的人，使人的精神空间得以扩大和拓展，冲破束缚和界限，摆脱人"自己加之于自己的不成熟状态"，实现人的自我超越。从世界历史的角度来看，启蒙可以说是人类文明进步的一种标志，没有启蒙就没有现代性。十八世纪的欧洲、十九世纪的亚洲、二十世纪的非洲都经历了启蒙的悸动，启蒙的过程也是自然经济被商品经济置换的过程。在中国，"五四运动"被看作一场声势浩大的启蒙运动。由于当时中国所处的经济、社会、政治、文化的境况，置身于二十世纪初的中国人把"民主"与"科学"作为这场启蒙运动的口号。中国"五四"以来的启蒙过程有它特殊的形成背景，也有不少的弊端，但在周辅成看来，启蒙精神和启蒙意识对于现实的中国社会进步具有巨大的推动作用，因此他把启蒙意识和启蒙精神也融入了自己的伦理思想。

周辅成曾多次讲道，中国传统道德最为优良的品质是自我反省，如果道德和社会秩序不依靠人的自我反省做基础，那么所有的仁义礼智信

---

[1] ［德］康德. 历史理性批判文集［M］. 何兆武译. 北京：商务印书馆，1991：3.

便只是一句空话,而这种自我反省就是儒家"求诸己"的道德要求。周辅成用启蒙的观念来解读这种道德的自我反省,在他看来,康德的"敢知"就是有勇气运用自己的理智自我觉醒,而非以别人的思想来代替自己的思想,因为人只有靠自己的理智把"自己所加之于自己的"蒙蔽去除,才能实现真正的启蒙。《说文解字》对"蒙"字的解释:"蒙,王女也,从艸,冢声"①,意为最大的女萝草的象形,引申为蒙蔽、覆盖、愚昧无知。《易经》《蒙》卦:"亨。匪我求童蒙,童蒙求我。初筮告,再三渎,渎则不告。利贞。"②《蒙》卦以老师对待懵懂无知的学童为比喻,讲的是用知识、智慧启发人的过程。其实这种启发不拘于知识、智慧,如果把它上升到关乎人的生命和自身价值的道德层次,那么《易经》《蒙》卦的内涵便与康德所言的启蒙实质不谋而合了。因此,从道德自觉的层面来看,"匪我求童蒙,童蒙求我"也就是在强调:道德主体的自觉性在于自我去除蒙蔽,而不是接受别人强加的道德意识。

周辅成认为启蒙的确表现为一种道德自觉。他曾以启蒙的观点,从西方认知心理学的角度来考察先秦儒家"仁"的概念和思想,认为儒家提倡的"仁爱"就是一种反省道德。他把这一反省道德概括为:"是以从个人意识或个人主体出发的道德,补充原始的、从群体意识(或集体意识)出发的道德;让每一个人在道德行为上能自觉、自主、自决,因而也负责任。"③他认为,儒家伦理道德在这一特性上与之前的道德相比较,是一个非常了不起的转变。这种"道德自觉"的发现,确立了道德主体意识自主的决定力量,由此我们便明白康德在讲启蒙时

---

① [汉]许慎. 说文解字 [M]. 北京:中华书局,1963:26.
② 黄寿祺,张善文译注. 周易译注 [M]. 上海:上海古籍出版社,2007:34.
③ 周辅成. 周辅成文集(卷Ⅱ)[M]. 北京:北京大学出版社,2011:227.

何以用"启蒙就是敢知"来概括启蒙的真实含义了。这样一来,我们不妨说,启蒙是敢于用自己的理智自觉地行善。"善"或"仁爱"或许并不是最难理解和把握的,难就难在敢于自主、自觉地追求它和实践它。难怪乎在《论语》里我们看到,每当学生问孔子什么是"仁"的时候,孔子总是并不直接说什么是"仁",而只是告诉他们怎样的行为才算符合"仁"的标准,并且强调"勇"的重要性。另外,从自主自觉的个人意志讲道德与个人人格尊严和价值的凸显,二者的关系是相互的。周辅成说,"从自主自觉的个人意志(或良心)来讲道德,或建立道德,可能是在社会上已经普遍承认了个人人格的尊严与价值之后所取得的成就。但也可能反转来说,自从个人的、自觉的、反省的道德行到表现后,个人的人格的尊严与价值,也逐渐被人认识了。"① 周辅成分析孔子所讲的"智""勇""仁"时,无不和人的道德反省和道德自觉相关。"智"是外视内省的结果,"智"必须经过"学"才能获得。孔子特别重视学,而且说"学"和"仁"相结合才是美德:"博学而笃志,切问而近思,仁在其中矣(《论语·子张》)。"② 孔子所说的"弘毅"便是自觉自主的"勇","勇"所表达是一种开拓自己心灵、力求向善的实践力量和勇气,这和康德所言的"敢知"的"敢"具有相似的意义。

在周辅成看来,作为"善"的观念,先秦儒家仁爱思想的精华——"己所不欲,勿施于人""己欲立而立人,己欲达而达人"的"道德金规则"超越各种形式的限制条件,成为具有理性的人们的实践准则。对于这些仁爱观念的表达,周辅成说,"讲哲学,不只是讲些概念,还需使人能'自悟以求他悟',能'自觉以求觉他',即与人共同进入道德境界,

---

① 周辅成. 周辅成文集(卷Ⅱ)[M]. 北京:北京大学出版社,2011:227.
② 杨伯峻译注. 论语译注[M]. 北京:中华书局,2009:198.

使人类社会成为一个道德整体",这便是启蒙的力量,儒家用它启发人有意识地去完成对道德义务的追求。正是由于先秦儒家伦理思想里所具有的启蒙意识,才造就了儒家伦理这一"反省道德",因为对"仁"的体悟和践行的过程也是道德反省和自我启蒙的过程;也正是因为其道德所具有的反省特征,才使得先秦儒家的"仁爱"思想具有道德价值的普遍性。

启蒙需要有反思意识。对于一个道德的实践者来说,不但从道德的生成角度把握启蒙精神,而且也对道德生活本身加以反思,只有这样才有利于启动一个人爱智、求真、向善、至美的追求。苏格拉底"未经反思的生活不值得去过"的哲言,意味着反思是启蒙的开始。张扬人的精神生活的神圣性就是从苏格拉底开始的,他认为人的精神生活要以寻求"善的知识"为目的。人都有向善的本性,问题是不一定知道什么是善,寻找善的过程就是以哲学为生活对社会问题采取一种哲学的态度。苏格拉底所使用的"精神接生术"就是要人不是先思考哲学,而是先哲学地思考。要找到善的一种态度就是先"认识你自己","知己无知"是最为宝贵的知识。承认自己的无知,排除一切成见,才能寻求到"善的知识"。反思首先要消除成见,然而消除成见却并非一件容易的事情。对于启蒙来说,"成见"就是思想、意识里必须消除的障蔽,殷海光在《逻辑新引》中谈到排除成见非为易事。"成见是一种最足以妨害正确思维的心里情形""譬如一个人早先听惯了某种言论,或者看惯了某种书报,他接受了这些东西便不自觉地以此为他自己的知识,或是形成了一种先入为主之见""至于他所听惯了的言论和看惯了的书报究竟是否正确,别的言论或者书报究竟是否正确,那就很少加以考虑了"。[①] 殷海光认为,免除成见第一要有反省精神,第二要有服从

---

① 殷海光. 逻辑新引——怎样辨别是非［M］. 成都:四川人民出版社,2018:16-17.

真理的精神。风尚、习俗、迷信常常歪曲合法的思维路子，使我们得不到正确的思想结果。周辅成则有着相似的认识，在谈到反思、反省的问题时，他曾告诉自己的学生"若是有人告诉你有一种放之四海而皆准的真理，那你首先怀疑这宣扬者的道德"。他常常以苏格拉底为例子告诉人们，人凭借着恰当地利用理性和本身具有的向善之心，是能够独立地发现"善的知识"并做出善恶判断的。反思、反省的精神不仅是打破成见、获得真知、判断善恶的第一步，同时，它也意味着启蒙的开始。

三、以儒家"人本"思想为代表的优秀传统文化

先秦及中国传统的"民本"思想是周辅成伦理思想的又一思想来源。"民本"思想在中国文化传统中源远流长，先秦诸子百家，如儒家、墨家、道家等学派，都有强烈的"民本"意识和丰富的"民本"思想资源。"民惟邦本"是儒家政治伦理思想的基本观念，本文选取具有代表性的儒家"民本"思想作为分析对象，来考察中国古代"民本"传统对周辅成伦理思想的影响。考察儒家"民本"思想的源流，有助于我们理解周辅成伦理思想的"以人为本""人民正义"的学术宗旨和根本理念。

在传统的政治哲学中有一个重大问题，那就是一个国家的根本究竟是什么？怎样理解和看待这个问题直接关系到一个国家的存亡兴衰。在古代中国政治、伦理思想史上，有过以神灵为国家根本、以君王为国家根本、以人民为国家根本的思想。远古时代人们生存、生活的境况我们无法猜测，但是考古学和古代历史的研究表明，自然神论和灵魂不死观念的产生是世界各民族早期发展过程中的普遍现象。在原始生活的状态下，原始宗教的产生使得群居的人们认为神灵主宰着他们的命运。国家

形成以后，神灵仍被认为是国家兴衰存亡的主要决定因素。根据中国古代文献记载，尧、舜、禹时期到夏、商两代都是这样的思想观念，最高统治者都言称自己是受命于天来统治天下的。如"尔舜！天之历数在尔躬"（《论语·尧曰》）①。《尚书》认为殷取代夏、周取代殷都是奉"天命"行事。周初的周公反思了殷商灭亡的教训，提出了前所未有的政治思想观念"唯命不于常"（《尚书·康诰》）②，《诗经》里称"天命靡常"（《诗经·大雅·文王》）③。他对商的亡民说"非我小国敢弋殷命，惟天不畀允罔固乱，弼我"（《尚书·多士》）④，并为周的政权统治的合法性做了合理解释，他说商灭亡原因是"惟不敬厥德，乃早坠厥命"（《尚书·召诰》）⑤。周公告诫周成王要吸取夏、殷灭亡的教训，"敬德保民""王敬作，所不可不敬德。我不可不监于有夏，亦不可不监于有殷"（《尚书·召诰》）⑥。事实上，根据《孟子》里的说法，周武王灭商之前就提出了"天视自我民视，天听自我民听"的口号，虽然周初之前也有民本的说法，但自从周公提出"敬德保民"的政治思想以后，民本的观念开始形成一个较强的思想力量。自此对身为统治者的君主而言，即使在实质上实行"以君为本"的国家统治，他们也会在表面上或口头上宣扬"以民为本"的主张。

儒家学派虽为孔子所创立，但儒家思想传统追溯到尧、舜、禹、汤。到了春秋时期，儒家学派"祖述尧舜，宪章文武"，这些君王之所以被儒家所推崇，多半是因为他们被认为贤明而爱民。孔子的思想里有

---

① 杨伯峻译注. 论语译注[M]. 北京：中华书局，2009：205.
② 屈万里. 尚书今注今译[M]. 上海：上海辞书出版社，2015：139.
③ 程俊英. 诗经译注[M]. 上海：上海古籍出版社，2004：808.
④ 屈万里. 尚书今注今译[M]. 上海：上海辞书出版社，2015：174.
⑤ 屈万里. 尚书今注今译[M]. 上海：上海辞书出版社，2015：159-160.
⑥ 屈万里. 尚书今注今译[M]. 上海：上海辞书出版社，2015：159.

很多重民、爱民的思想，孔子警示鲁哀公："丘闻之，君者，舟也；庶人者，水也。水则载舟，水则覆舟。"①（《荀子·哀公》）孔子说"仁者爱人"，此"人"广泛地指"四海之内皆兄弟"的普遍的人。孔子的内心深处把人的价值和地位放在比财富更重要的位置。"厩焚。子退朝，曰：'伤人乎？'不问马。"（《论语·乡党》）② 这件事足以表明孔子是平等地看待所谓的奴隶或下人的，不像有些人说的鄙视底层的劳动人民。孟子更是集"民本"思想之大成，他直接说明了"民"相对于"社稷"或"君"的重要性："民为贵，社稷次之，君为轻。是故得乎丘民而为天子，得乎天子为诸侯，得乎诸侯为大夫。"（《孟子·尽心下》）③ 他还指出，那些无道国君失去天下的根本原因就是失去了天下百姓，失去了民心。"桀纣之失天下也，失其民也；失其民也，失其心也。"（《孟子·离娄上》）④ 作为先秦儒家伦理思想的一部分，先秦儒家的"民本"思想基本上形成了一个体系。此后，历代的每一个新王朝建立后，似乎都要反思一下前朝背离人民、失去民心的教训。也常常有"士志于道"的"在野"儒家，提醒那些为人君者不要忘记"前车之鉴"，甚至那些统治者采纳了他们的意见后，也出现过王朝的中兴。如西汉的贾谊，"贾谊对中国民本思想的贡献是巨大的，他最早提出'民本'这一命题，不仅进行了多视角、多层面的论证，还提出了相应的措施。这些思想为文、景二帝所采纳，对'文景之治'的出现起了重要作用"⑤。贾谊之后，提出"民本"思想较为著名的人物有唐代的魏徵，宋代的"二程"、朱熹，清代的黄宗羲等。但是，由于皇权专制

---

① 梁启雄. 荀子简释 [M]. 北京：中华书局，1983：403.
② 杨伯峻译注. 论语译注 [M]. 北京：中华书局，2009：104.
③ 杨伯峻译注. 孟子译注 [M]. 北京：中华书局，2005：328.
④ 杨伯峻译注. 孟子译注 [M]. 北京：中华书局，2005：171.
⑤ 陈增辉. 儒家民本思想源流 [J]. 中州学刊，2000（3）：51.

的政治制度本身的原因，普通的人民百姓最终只能在这种"人亡政息""一治一乱"的朝代更替的过程中任凭专制者摆布着自己的命运。

"民本"思想是中华优秀传统文化的重要部分。周辅成认为，儒家政治伦理思想的根本原则就是"以民为本"，他也把自己的伦理思想称为"人民的伦理学"，显然，他的伦理思想汲取了先秦儒家"民本"思想的精华。《伦理学研究》编辑部在纪念周辅成逝世的悼念文章里，如此评价"人民"这一概念在他的伦理学思想里的根本性作用："在周辅成看来，伦理学史上的两条路线斗争，就是以人民道德为中心而展开的斗争，一是真正代表人民要求或利益的伦理思想，一是反对或曲解人民道德的思想。人民道德在内容上是与官方道德根本对立的，是基本社会关系的集中体现，其核心是正义、平等原则。一部伦理思想史就是人民道德产生和发展的历史。"[1]

第二节　周辅成伦理思想的方法论基础

周辅成的伦理思想立意独特、观点鲜明，既有古今伦理学的理论基础，又能在实践中广泛应用。它融合了中西方伦理学的精义，对现实的社会道德问题的解决具有非同寻常的意义。从方法论的角度看，他的伦理思想具有"知行合一"的实践方法、"中西会通"的比较方法、"史论结合"的贯通方法等方法论基础。

一、"知行合一"的实践导向

周辅成伦理思想的方法论基础最重要的方面就是"知行合一"的

---

[1]《伦理学研究》编辑部. 沉痛悼念著名伦理学家周辅成[J]. 伦理学研究，2009（4）：1.

实践方法。周辅成认为伦理学是一个实践性非常强的学科,理论固然重要,但如果不落实到实践上,那就是纸上谈兵,这也是他较少谈及理论而重身体力行的原因。伦理学是讲"善"的,它所涉及的是人的实践或行为。"伦理学毕竟是涉及人民的理论之学,我们还是要想使它在实践上发挥它应起的适当作用,要实现这点,我们首先就是要防止空谈,要尽量顾及实践,不能将一个不能实践的规则作为道德的规范或原则。"① 既然不能将一个不能实践的规则作为道德的规范和原则,那么真正的合于实践的道德规则从哪里来呢?他说,"伦理学,必须做到从人民的道德生活或行为中找出人民实践道德时所取得的经验及其规则,这才是道德行为的规则"②。周辅成认为,一方面,伦理思想和伦理学理论来自人民的道德实践;另一方面,要把理论应用于一般人民的道德生活。在他看来,"知"来自"行","行"又要以"知"为依据,在"行"的过程中求"知",在"知"的指导下以"行","知行合一"既是理论思想形成的原则,又是理论与实践相结合的方法。

中国古代的哲人很早就明白:"知道"一个道理是个很容易的事情,但是具体去做一件事情,实践起来却很困难。在中国哲学史上,"知"与"行"作为一对哲学范畴,被哲学家们反复讨论。中国思想界所盛行的各种知行关系论,归根到底,其中心问题还是实践优先于理论、注重身体力行。到了王阳明,便提出"知行合一",实际上,"知行合一"的"知"与"行"的概念,已经与先前不完全一样了,具有了抽象的概念意义。王阳明认为,知行这对范畴的本义就在于知行本来就是合一的,即"知行合一"就是"知"与"行"的本体,"知行合一"工夫论是"知""行"本体的展开和运用,"知"已不是单纯的认

---

① 周辅成. 周辅成文集(卷Ⅱ)[M]. 北京:北京大学出版社,2011:352.
② 周辅成. 周辅成文集(卷Ⅱ)[M]. 北京:北京大学出版社,2011:353.

知意义上的"知"了,"行"也不是单纯的行为意义上的"行"了。王阳明说:"未有知而不行者,知而不行,只是未知""知是行之始,行是知之成""知是行的主意,行是知的工夫"。① 由是就把对知与行的辩证关系的认识,在哲学认识论上提升到一个前所未有的本体高度。王阳明的"知行合一"有其内在的假定,它已经假定了人的"心"的"良知"存在,也是假定人的向善的自由意志力的存在,所有的实践就是致良知,不存在"知而不行"的问题,因为"知而不行,只是未知"。其实王阳明的"知行合一"归根结底还是在于"实践",用"做"或"行动"并不能完全表达其中的含义,倒是"学而时习之"与"力行近乎仁"似乎能更好地说明这一主题。

周辅成深谙王阳明"知行合一"哲学思想的精妙所在,他把王阳明所说的个人修身的"知行合一"的道理,应用到伦理学的研究和实践上,一方面,通过考察和研究古今中外的人在社会生活的过程中所表现出的道德现象和事实,力图找出一般的道德规律;另一方面,又把这些表现规律性的伦理学理论应用到社会实践当中去,这就是他的伦理思想的方法论。对于那些未必是从一般大众道德生活实践中总结出来的主义(或原则理想)问题,他说:"我们不可不讲主义或原则或理想,但也不可只讲主义或原则或理想,尤其是道德方面问题,它一半是理论上问题,另一半却是实践问题,是道德理想,在现实中如何实现?……这些问题都迫使我们要从实践或现实中去追求答案。"② 他极力反对那些空洞的道德说教,以及把并没有实践意义和道德价值的东西灌输给人民,用周辅成的话说这是"官老爷"的道德哲学,人民在过自己的道德生活时对这套东西是不会买账的。

---

① [明]王守仁. 传习录译注 [M]. 王晓昕译注. 北京:中华书局,2018:19-20.
② 周辅成. 周辅成文集(卷Ⅱ)[M]. 北京:北京大学出版社,2011:406.

周辅成认为注重身体力行、言行一致，是中国人讲道德的优良传统。儒家的"以身教者从，以言教者讼"及"力行近乎仁"等思想表明了中国道德传统这一特色。其实西方人也有这样的道德传统，康德曾说"实践理性，优于纯粹理性"。但是中国人和西方人的不同在于"西方与印度民族，是以宗教为道德，而中国则以道德为宗教"[1]，所以在"身体力行"的特色上比西方人更为显著。在周辅成的伦理思想里，始终坚持理论实践相结合，注重实践和身体力行，做到"知行合一"，他在阐述儒家的伦理思想时，就特别强调"知行合一"的实践作用。

用"知行合一"的实践方法来探讨和研究儒家伦理思想有着重要的现实意义。具有理想主义特征的先秦儒家伦理思想必须经过"知行合一"的践行才能化理论为实践，化理想于现实。"知行合一"既是儒家思想的哲学精华，也是周辅成研究儒家伦理思想的方法论。"知行合一"的方法论，在中国哲学思想里作为修养的方式表现出工具性，在实践的意义上有变思想为现实的目的性。先秦儒家伦理思想在一定社会历史条件（具体地说就是以血缘关系为纽带联结起来的家族为主体的社会基本结构）限定下，所表现出来的合乎理性的人性论及其正义观念，只有通过"知行合一"才能融入现代社会以达成理想的目标。当"知行合一"与先秦儒家伦理思想里"仁"的观念、"道德自觉"的品质内涵结合起来的时候，便会产生人的自我意识觉醒的作用。如果说近代西方以个人为本位的人权、自由等观念的产生有赖于启蒙思想家们的社会契约观念，那么中国哲学"知行合一"的理念与人的道德自觉相结合，同样能产生个体人的自我意识的唤醒作用，从而对自我尊严和价值的肯定，促进个体建立在义务之上的个人权利追求。实质上，这也是

---

[1] 周辅成. 周辅成文集（卷Ⅱ）[M]. 北京：北京大学出版社，2011：408.

我们今天坚持继承优秀传统文化的精华、实现儒家思想的现代转化的方法问题。在儒家思想的现代转化过程中,"知行合一"的实践认识显得尤其重要,它凸显出周辅成以"知行合一"的实践方法研究儒家伦理思想,并使之贯彻于道德实践的方法论意义。

周辅成没有仅把"知行合一"的实践精神停留在理论研究上、停留在伦理学著作里。他不但在理论上讲"知行合一",更是一个身体力行"知行合一"的楷模。他敬佩古希腊的苏格拉底,赞扬苏格拉底作为哲学家的殉道精神。他认为,苏格拉底在受到不公正的审判之后,也不愿意去破坏法律。好心的学生们让苏格拉底逃走的精心策划,都被他拒绝了。苏格拉底为了理想和信念而甘愿饮毒而死,这才是哲学家之为哲学家的至高境界和可贵品质。他说:"我佩服真正的道德践行者!真正的伦理学家不在于提出了什么理论模式,关键是要看他所提出的理论模式是否能有效地得以实现,他是否也在如此行动。如果都做到了,就是不提出什么系统的理论,也仍然是伟大的道德家。"[1] 在周辅成看来,苏格拉底是真正的哲学家,是古今人们的道德楷模。毫无疑问,周辅成自己也是有着同样高尚追求的哲人。

二、"中西会通"的比较方法

在周辅成的伦理思想形成过程中,我们不难发现他常常运用"中西会通"的比较方法来以西解中,中西结合,阐幽发微,探索发现中外伦理思想在观点和方法上的殊途同归,最终得出异乎一般学者的结论。兹举一例:他在1957年著写的《戴震》一书中,对戴震思想系统中"命""性""才"的分析,就是运用了"中西会通"的比较方法。

---

[1] 周辅成. 周辅成文集(卷Ⅱ)[M]. 北京:北京大学出版社,2011:497.

他指出，戴震以《孟子字义疏证》来诠释《孟子》的根本意义在于指明"不是由道德规定生活，反过来，乃是人的自然生活规定道德。这个客观规则并不妨害人类的自由"[①]。在戴震的思想系统中存在有一个矛盾，那就是人既有"命"的限制，又必须循"性"自由发展"才"，面对限制和自由的矛盾，戴震的解决办法是，"性"的"自为"（或发展"欲"），无害于"命"，而"命"的限制也无碍于"性"。"性"必须以命为限制，否则"性"的发展就会茫然，反之，"命"又必须在"性"与"才"的基础上来发展，不然"命"便无法在具体的人上实现，这样的结果是"性""命""才"三者同时增进，相反相成。周辅成指出这一思想与斯宾诺莎所说的"内在必然性即自由"的结论相符合，他进一步对比分析，"命"既是"如或限之"，则"命"就成为"性"的发展的范围，即道德行为上的必然限制意义，这也与斯宾诺莎所说的"外在必然性"相符合。通过比较分析，他说："我们可以说戴震在性命问题上，差不多得到了和斯宾诺莎相同的结论，即戴震已看出命定的必然中有自由，自由中亦有命定的必然。如果不是这样，自由与命定，两者都不能成全。这是戴震思想中卓越的见解。"[②] 在周辅成的伦理思想里，有很多这样的真知灼见是使用"中西会通"的比较方法而得出的。

他的"中西会通"的比较方法，不仅被应用在伦理思想的内容和理论方面，而且也被应用于伦理学研究方法和方式的探索。他对先秦儒家"仁"的分析和概括，就是依照近代西方职能心理学和古希腊柏拉图关于人的理论加以论述。"中西会通"的方法使问题的结论更具有科学性和实证性。在强调儒家伦理思想"道德自觉"的特点时，他参照

[①] 周辅成. 周辅成文集（卷Ⅰ）[M]. 北京：北京大学出版社，2011：453.
[②] 周辅成. 周辅成文集（卷Ⅰ）[M]. 北京：北京大学出版社，2011：454.

了康德的理论分析方法，把问题讲得清楚明白、易于理解。除了儒家伦理思想外，周辅成还以中西会通的比较方法考察和研究伦理学里其他领域的诸多重要问题，如中外道德的开端问题、社会公正问题、人道主义的发展问题等。

以"中西会通"的方法研究伦理学的意义在于：首先，它有利于伦理学研究者对伦理学上的一些概念和结论正本清源，有利于研究者开阔视野，不为各种时空条件、陈旧框架所限制。这样，研究者们才能消除因受各种"主义"或"思想"影响所导致的偏见，把伦理学放在人类社会和人类历史的宏大背景之下探求研究对象的本质，找出人类所共有的道德规律和普遍的道德价值；其次，它还有利于研究者把握中西不同的社会文化背景下所产生的道德现象，比较它们所具有的不同的民族性特色，探索如何相互借鉴彼此的长处，由特殊到一般，以形成更为普遍的伦理道德思想观念。

三、"史论结合"的综合方法

"史论结合"的综合方法是周辅成伦理思想的又一方法论特征。"史论结合"的方法本来是历史学者研究历史的方法，但周辅成把史论结合的方法移用到伦理学的思想研究上来。他的"史论结合"的综合方法，不是把简单地把"史"与"论"生硬地杂糅在一起，也不是用特殊条件下的伦理学史实去论证一个片面的结论，更不是用一些结论来代替深入细致地对伦理学史的客观研究，他的"史论结合"很自然地包括"论从史出"和"以论带史"。

伦理学的发展史有其自身的规律，伦理学研究就是把伦理学史上的各种道德现象和道德理论作为一个客观的历史现象和伦理思想的总结来看待，应用归纳、演绎的逻辑方法，由特殊到一般，再由一般到特殊，反复考察、分析、论证，然后找出其中最能反映这些道德现象和道德理论的伦理思想规律，这是"论从史出"的过程；当我们再依照这些规律去反观这些道德现象和道德理论时，就能很好把握一个目标和原则的规律来评析它们，用这些规律来解决现实的伦理学问题，甚至预测伦理学未来的发展方向，这是"以论带史"的过程。但是无论是片面的"论从史出"，还是片面的"以论带史"，都有其不足之处。首先，面对片面的"论从史出"得出的结论，我们无法确切地证实具有某种规律性的结论是否就是反映道德的真正规律，因为它们还需要更根本的原则来判定。其次，如果以一种不确定的结论来"以论带史"就会谬论百出，贻害无穷。由此可见，问题的关键在于"论从史出"时，必须确保我们得到的结论是经得起人民道德实践检验的道德规律，要找到这样的规律就必须搞清楚最基本的问题，那就是伦理学的存在意义到底是什么的问题，很显然，它关于人的存在价值和人的解放，有利于人由必然向自由的迈进。这样的伦理学必然是人民的伦理学，这样一来，人、公正、人道势必成为一般原则的概念，成为人民的伦理学的最基本的判定标准。

正是鉴于此种含义，周辅成认为伦理思想的研究必定要用"史论结合"的方法加以贯通综合。既要讲"论从史出"，又要讲"以论带史"，这两方面都做好才是真正的"史论结合"。在他的伦理思想里有许多论点是以"史论结合"的综合方法得到的。他认为要做到史论结合就要注意几个方面问题。一是要把哲学学好，因为伦理学源自哲学，尽管它从哲学的大家族里独立出来，但是我们研究伦理学时，必须注意它与哲学本体论、宇宙论、认识论、实践理论等体系上的融合，因为它们有相互依存的重要特质。哲学终必归结到人生哲学（包括伦理学和社会哲学），人生哲学也应该以宇宙哲学作基础。只有把哲学学好，才能明确伦理学研究的真正意义，更好地做到"史论结合"。二是要认真学好中外伦理思想史，"大胆假设，小心求证"（胡适语），概念、范畴的考察，观点、结论的评价，道德人物的臧否等，都应该考虑到历史的时空本身。针对概念、范畴的意义变化，他说："尽管我们可以举出很多理由或事实来说明变中有不变，相对中有绝对，多中有一。但这种不变、绝对仍必须联系到变与多才有意义，否则只是一堆抽象概念而已。伦理学决不能只在抽象概念上兜圈子，它要改变时代、环境、生活，但也要受时代、环境、生活的约束。"[①] 三是要将理论与实践相结合，在实践中求得真理。这些都是周辅成伦理思想的方法论在伦理学学习和研究方面给予我们的重要启示。

第三节　周辅成伦理思想的特征

周辅成伦理思想具有鲜明时代性。这一时代性表现在他的伦理思想总能紧扣时代的脉搏，发现和预见道德生活中的问题，并从根本的伦理学原理出发提出解决问题的办法。"十年浩劫"的悲剧，导致了人性的泯灭、邪恶的盛行，人的生命和尊严遭到残酷践踏。实施改革开放的基本国策后，中国的经济快速增长。随着社会主义市场经济的发展，商品经济的特质、文化和生活方式的多元化改变了人们的思想意识和价值观念。与此同时，一些体制性的弊端也显现出来，腐败问题引发各种社会矛盾，社会充斥着各种社会不公和道德沦丧的乱象。周辅成认为，一个正直的学者不仅要以超凡的思想贡献学术，更应该以入世的态度体察民生，伸

---

① 周辅成. 周辅成文集（卷Ⅱ）[M]. 北京：北京大学出版社，2011：461.

张正义，为百姓呐喊。他平日慎言笃行，内心却有守死善道、循善取义的坚持，始终具有优良传统的知识分子忧国忧民的担当和本分。这种"为生民立命"的责任感鲜明地体现在他的伦理思想之中。周辅成所具有的伦理思想的特征其实也是一个有良知的知识分子所具有的人格特征：坚持正义的历史责任感和庄严的使命感；以人为本和主张社会主义人道主义及人文关怀的现实感；反对皇权专制、不盲从、不迷信的历史批判精神。

一、"为生民立命"的使命感

周辅成一直认为主张公正既是一个社会应当具有的风气，同时也是一个伦理学家应当坚持的理念。在中国两千多年的王权专制的历史上，当人们习惯于强权压制状态下被强制定义的"公正"时，公正观念已经被扭曲，此时的"公正"便成了最大的不公。面对社会的不公正，有的人选择了沉默，有的人选择了逃避。有良知的人们深知要为公正付出多么巨大的代价，也深知对公正的追求不是一人、一事、一时能完成，但他们却毅然选择了为社会公正呐喊和抗争。先秦儒家理想主义的思想精神是"知其不可而为之"，孔子就是这样做的，明明知道"克己复礼""仁爱天下"任重道远，依然"累累如丧家之犬"而不改其志。这正是中国古代文人志士心怀天下、悲悯苍生的最为可贵精神品质。周辅成的伦理思想具有这种明辨是非、主张正义、"为生民立命"的历史责任感、庄严使命感。

周辅成伦理思想注重对公正问题的研究和探索，强调对公正观念的秉持。他多次申明公正在社会发展中的重要性。从哲学和社会学的角度来看，在满足社会需求的社会价值观念上，人类社会必然形成一个符合社会发展规律的社会价值体系，在这个价值体系中，社会公正必然是最高的原则基础。因为公正观念不仅仅是社会得以形成的道德基础，而且在经济和政治上也是社会最终追求的目标。社会是由个体组成的整体，要解决社会发展中的个体与社会之间"一与多"的矛盾，就必须遵守社会公正的原则。先秦儒家伦理思想认为保持社会的公正性，既是执政者自身的执政之德，又是执政者得民心顺民意的执政之基，也是维持社会稳定、民富国强的执政之要。可以说周辅成伦理思想贯彻了先秦儒家伦理思想的这一公正精神。周辅成认为一个社会讲公正、正义，其根本责任在统治者和管理者，因为国家权力的主导在他们手里。如果说在法治社会对于公正的坚持相对容易，那么在人治社会，公正往往被扭曲为一种集团利益的工具；同时，在社会上讲人道主义主要是指对被统治者实行人道主义，因为统治者掌握着权力，充分占有社会资源，而个人权利和尊严最容易被剥夺的是那些远离权力中心的平民。周辅成的伦理思想充分体现了对这些思想观念的坚持，他把匡扶正义、主张人道主义的精神看作伦理学者应有的责任。

二、悲悯苍生的现实性

周辅成的伦理思想没有烦琐的概念堆积，也没有空泛的理论铺陈。他以简驭繁，把高深的伦理学理论讲得平白而简练。其思想的每个细节都和人民的道德生活紧密相连，具有真切的现实感。这一现实感表现在：第一，他的伦理思想与现代的道德潮流和广大人民群众道德生活的要求和愿望紧密相连；第二，他的伦理思想总是以占社会大多数的人民为主体，并以此为出发点分析和考察道德问题。周辅成伦理思想的这一现实感来自他对人道主义的弘扬和对普通大众真挚的人文关怀。他说，建设新伦理学"我们不愿遵循过去与现在的其他模式，但却需紧密地和时代主流保持密切关系，以真正人民的社会正流为师"①。

正如英国的莎士比亚，其作品之所以能表现出伟大的人文主义精神，是因为他的人格受到文艺复兴时期英国民族文化的熏陶。同样，周辅成学术思想对人民现实生活的人文关怀，也由于中国传统文化所蕴含的人文精神的深刻影响。西方哲学尤其是西方近代哲学反映出的人文精神和启蒙意识，促使他反思中国的传统文化和社会现状。他用独特的眼光审视身处其中、经过几千年积淀的中国文化，又用中国传统文化的精髓丰富着自己的伦理思想。周辅成不是那种躲在书斋里一心只读"圣贤书"的学者，中国文化传统里的"士志于道"的精神、良知学者的责任感、学命一体的使命感，使得他在国家面临危机、人民的生存状况不断恶化的时候不得不去呐喊、去抗争。周辅成出生于辛亥革命那年，从那时起就遇到接连不断的社会大运动，五四运动、北伐战争、抗日战争、解放战争接踵而来。在这些历史阶段里，他看到最多的就是颠沛流离、民不聊生的景象。抗战时期，在民族面临生死存亡的重大关头，他首先想到的是中国自身的传统文化的力量。在他的伦理思想里，那种对中国传统文化力量的自信心和对民族危亡忧心忡忡的现实感跃然纸上。

无论是新中国成立前后还是二十世纪五六十年代，或者是改革开放之后的八九十年代，周辅成一直坚持和主张社会主义人道主义。他认为，西方文艺复兴以来哲学家、政治思想家们的关于人性论的著作是人类摆脱束缚和桎梏走向解放和自由的宣言。虽然有其历史局限性，但是总的来说，这些思想是人类向善的精神表达，也是人类以爱与人道为最高目的的真实展现。"人或人性，是要表现的，要在社会中表现的"②，

---

① 周辅成. 周辅成文集（卷Ⅱ）[M]. 北京：北京大学出版社，2011：459.
② 周辅成. 周辅成文集（卷Ⅱ）[M]. 北京：北京大学出版社，2011：108.

而"求解放，是人类进入文明社会后，必不可免的社会现象"①，因此伦理学家的思想一定聚焦于构成社会的人之本身。周辅成的伦理思想把伦理道德研究的目光投向广大的普通百姓，其现实性就体现在伦理道德理论要反映人民道德生活的现实状况。人民是历史的创造者，道德的建立也必须落实在人民这个坚实的基础之上。先秦儒家伦理思想尚且能合乎公正地"以民为本"，中国的新伦理学更应一切从人民的利益出发，把维护广大人民的利益作为伦理学的宗旨。

周辅成伦理思想的现实性还表现为他对暴政下的政治现实疾恶如仇。他痛恨古今那些空喊口号而实际上愚弄人民的道德和政治现象。他最为深恶痛绝的是历史上某些政权或统治者打着人民的旗号、做伤天害理事情。他们以"人民"为名，践踏人权、无视人道、挑动仇恨、摧残人的精神和肉体，却又要人民去唱赞歌，愚弄人民于股掌之间，秦朝的暴政不可谓不是一个例子。面对古今中外这样的事情，周辅成在一篇文章里愤怒地写道："人民！人民！天下不知有多少罪恶，是假借你的名字以行！"他提出，新的中国伦理学就应该是"人民伦理学"。"伦理学就是研究人民平时过的道德生活，他们当然既能爱'好'，也能恨'恶'，而道德生活就是靠爱与恨两个经验的积累，构成他们的性格和人格。而我们的民族精神，也要靠这些诚诚恳恳过生活，尽神圣义务的人去维持。人民伦理学是非常朴素但又非常扎实的东西，也是十分广大、深远的东西。既不甘言媚世，也不对权势者奉承。它只是如劳动者的手足，一步一脚印地耕耘。"②

周辅成伦理思想的现实性又表现为对人民大众的道德生活及日常生活状况深切的人文关怀。对人民大众的人文关怀表明了一个有良心的知

---

① 周辅成. 周辅成文集（卷Ⅱ）[M]. 北京：北京大学出版社，2011：117.
② 赵越胜. 燃灯者——周辅成先生纪念文集[M]. 长沙：湖南文艺出版社，2011：124.

识分子所具有的公德心。周辅成关心的是普通的劳动大众,尤其是生活社会最底层的中国农民。1987年他写过一篇文章《论当前农村社会的道德风气问题》,专门讨论改革开放初期农村社会出现的新、旧思想与实践冲突所引起的"苦闷"的道德问题。他从农村、农民生活当中的现实例子着手,分析"苦闷"这一思想冲突所产生的原因,提出了老乡们对这些道德问题的应对办法。他在附言中驳斥了一些人的道德观:他们并不会否认农民中有道德,甚至也认为农民中有真正的道德,但同时他们又主张世间另有一种出自"英雄豪杰""志士仁人"的更高的道德,这种道德能将农民道德升华为更高的道德。他认为"农民有深厚的道德意志和道德感情,他们的道德水平,不是唯一的最高道德,但是,是社会中最高道德之一"[1]。周辅成关注人民大众真实的道德、精神生活,也关注他们现实的生活状况。就在去世的那一年年初,他与自己的学生交谈时无不激愤和伤感地说:"现在中国的问题是大人物只关心自己的小事情,而小人物的大事情却没人管。"他解释说,大人物的小事情就是升官、出国、捞钱、安置子女;而小人物的大事情是生、老、病、死,看不起病,上不起学,住不起房。在病痛之中,他还为社会丧失了公平、正义而痛心疾首。[2]"中华民族向来不缺对个人私德的要求,也不缺在私德上站得住的人,缺的是怀抱公德心,持续地为民族正气、为文明进步孜孜努力的人。梁启超先生一百多年前率先引入的'公德'这个维度,正是通往一个健康社会不可或缺的前提条件之一。这个公德就是一个人在公共生活中体现出的德行和选择,它已超越古代的节操、气节,而有了现代的内涵。现代社会在评价一个知识分子时,

---

[1] 周辅成. 周辅成文集(卷Ⅱ)[M]. 北京:北京大学出版社,2011:194.
[2] 赵越胜. 燃灯者——周辅成先生纪念文集[M]. 长沙:湖南文艺出版社,2011:140.

应更多地使用公德的尺度"[1]。无疑,周辅成不仅具有高尚的个人私德,更是一个心怀天下、关注民生、具有公德心的哲人。

三、当仁不让的批判精神

周辅成伦理思想的批判精神首先表现在思想观念上的"不盲从"。对伦理学史上前人所阐述的思想方法、概念范畴及一些结论不盲从。周辅成对一些值得怀疑的不太可靠的结论或者观点采用"请循其本"的方法,即是客观地考察清楚它的来龙去脉,把它放在具体的、历史的时空观念里分析考察,还原它们的本来面目。比如,很多人认为"仁"的观念到孔子才有,而他通过发掘史实对"仁"的观念的发展展开详细的考察和分析,认为中国古代"仁"的思想、注重人道的思想在周代初期或春秋初期就已经出现,在孔子之前就流行了,而"义"或者正义的观念更早产生,孔子的重要贡献是确立"仁"为儒家思想的核心理念,以"仁"救义德之不足。又如,历史上有的人为了讨主子欢心,除了向专制统治者歌功颂德外,还要求人民向统治者尽"忠"。周辅成考察了"忠"的道德概念起源,发现它的最初含义是"上思利民",即是要求统治者忠于人民百姓而不是相反。再如,对于"人道主义""个人主义""自由主义""集体主义"等伦理学上的名词,很多人由于理解的不同在翻译和解释上有诸多差异,甚至有人根据自己的偏见给它们贴上贬义或褒义的标签。周辅成就依照"请循其本"的办法,力排众议,做出这些词语的确当释义。

在理论上周辅成做到了不迷信。他不把前人的结论当定论,不把权威当教条,不把众口一词的理论当作"放之四海皆准"的"真理",敢

---

[1] 傅国涌. 知识分子的公德心 [N]. 南方周末, 2011: 07, 21 (25).

于依照事实和实践来批判一些思想观念的谬误和虚假性。比如,针对有人把个人主义和集体主义简单狭隘地解释成"私"与"公"的关系。周辅成考察两词产生、发展的源流,指出此种解释的浅薄。周辅成伦理思想的批判性不仅表现在学术上的思想研究方法这一面,还表现在它对伦理道德发展过程中所出现的社会现象、政治问题的批判,它们往往是关于人性、人权、人道、公正、正义等伦理学范畴的重大问题。比如,周辅成伦理思想里有很强的"反专制"的批判意识。针对历史上的专制主义,周辅成认为,专制主义尤其是政治的专制主义或专制思想在现实政治中都表现为对人民的自由的压制,从根本上讲专制就是对人性的摧残,专制更容易对社会公正造成破坏,它是社会不公的根源之一。

周辅成伦理思想不仅对中国社会长达二千多年的专制主义传统提出批判,而且对于类似苏联时期斯大林所做的独裁和专制也提出批判。"专制"这一史学、政治学词语,最早是由梁启超从日本译入,后来在中国流行,通常用来描述中国传统君主政治的形态。其主要表现为高度中央集权,政治权力集中于君主一个人,是一种在政治上完全取决于君主个人意志独断的独裁统治政体,专制政体是与立宪政体相对的概念。在现代政治学上,专制常常指政治专制(相对于经济专制和文化专制),政治专制包多种专制形式。中国古代的皇权专制极易形成暴政和腐败,在思想上表现为独尊某一思想,造成对思想的钳制。

一方面,周辅成伦理思想的批判性来自对先秦儒家思想精神的继承。儒家的批判精神表明儒家思想既有内在又有超越的特点,是其现实的入世性和本身具有的理想性所产生的碰撞而造成的必然结果。儒家的批判精神从先秦儒家的孔子、孟子、荀子一直到之后的两千多年都有传承,即便是周辅成不太赞成的董仲舒思想也具有批判精神,尽管它表达得曲折和隐晦。另一方面,周辅成伦理思想的批判性是由它的思想宗旨决定的。周辅成主张建立人民的伦理学，以人为本，坚持人道主义，反对一切对合理人性的压制，主张社会的公平正义。正是基于这样一个思想主旨，周辅成对儒家伦理思想本身也有激烈地批判，比如对董仲舒思想的批判，以及对被统治者所利用、给人民带来人性压制的宋明理学进行的批判。他对董仲舒思想的评价以及对戴震思想的评述都清楚地表明了他的批判立场和态度。

第三章 周辅成的公正思想

周辅成认为,在伦理学众多概念和范畴之中,公正最为重要,故而他将公正观念置于伦理思想的首位。《正义论》的作者罗尔斯说:"公正是社会制度的首要价值,正如真理是思想体系的首要价值一样。一个思想体系,无论多么精致和简练,只要不具真理性,就必须予以拒绝或修正;同样一定的社会和法律制度,无论多么有效率和有条理,只要不公正,就必须予以改革或废除。"[①] 从人类发展的历史来看,进入文明社会的任何民族和个人都面临着物质财产的占有和分配问题,而要解决这些问题,就必须以公正原则为中心组成社会。人类发展的历史表明,那些不以公正和正直为社会中心原则的民族终会被历史所淘汰,可见公正是人类社会生存发展所必需的规则。从西方的法律、政治思想的起源来看,公正也始终是其核心的观念。公正可谓是协调社会利益、化解社会矛盾、促进社会发展的"万能钥匙"。

---

① [美]罗尔斯. 正义论[M]. 何怀宏,何包钢,廖申白,译. 北京:商务印书馆,1988:3.

第一节　周辅成对公正问题重要性的论证

一、公正应当是伦理学的首要问题

周辅成十分认可西方学者"一部伦理学史几乎就是一部公正思想史"的观点。"正义的问题是伦理学的一个核心问题。美国伦理学家弗兰克纳认为，正义和仁慈是伦理学中的两个前提性的问题。"[①] 公正和正义如此之重要，然而在我国一般的伦理学教科书里只列出义务、良心、幸福、荣誉、集体主义等条目，而对公正、正义的问题却不予以重视，甚至把正义排除在伦理学讨论的主题之外，周辅成认为这是一个非常"缺乏常识的架构"。他谈及新伦理学的建设时说："21世纪新伦理学，不管是以中国伦理传统名词为准，还是以西方伦理学名词为准，凡建立体系都将要以义（The Right, Righteousness, Justice）与仁（Charity, Benevolence, Love）为中心。"[②] 他认为，无论在社会层面上还是在个人层面上，对公正的重视都是伦理学应有之义。在写于1993年的《论社会公正》一文中，周辅成从三个方面来阐述公正的问题：一是社会公正来源于社会不公正，而发展为社会理想；二是讲究社会公正，并非讲"道德救国论"；三是人类从借上帝讲公正原则到用历史规律讲公正原则。这篇文章解决了关于公正的两个重要问题：一个是从社会矛盾的角度说明了公正的来源；一个是指出了坚持公正的原则符合社会的发展规律。他强调公正原则不是帝王将相的发明，而是社会自然形成的、人

[①] 张传有. 伦理学引论 [M]. 北京：人民出版社，2006：284.
[②] 周辅成. 周辅成文集（卷Ⅱ）[M]. 北京：北京大学出版社，2011：460.

民的诉求。人民是社会发展真正的主体，这两个结论都说明讲公正问题必然离不开人民，正是有了不公平，人民才要求公平，要求公平、实现公正是人民利益得以保障的根本。具体到个人层面上，他认为一个人要有公正之心和正义感，他把争取社会和国家的公正看作一个正直有良心的人的社会责任。自古以来高尚而伟大的仁人志士从来都是为民众的公正呐喊、为人民所遭受的不公请命。甚至可以说，一个人，不管是平淡一生，还是在历史上显亲扬名，判断其人格的标准就是正直和公平。他说："人，如果要追求知识、追求幸福，只有深入自然中、社会中去求规律以指导社会和个人生活，才能有更大的实现可能性，实现自己的愿望。"公正性便是社会发展的规律性表现。"只要人类不希望自己灭亡，这就是'社会公正'必然存在的根据。这个必然性是建立在现实性和普遍性之上的。"① 总之，周辅成认为公正才是维持社会秩序和谐的根本动力，政治上的民主、经济上的自由、社会上的平等，这些不同领域的问题归根结底是社会公正问题。

著名法学家、伦理学家 H·凯尔森（Hans Kelsen，1881—1973）说："'什么是公正？'这是人类永恒的话题。没有任何问题像公正这样一直激起如此热烈的争论，没有任何问题像公正这样令人为之流血洒泪，也没有任何问题像公正这样吸引了从柏拉图到康德诸多杰出思想家的广泛关注。然而这一问题迄今未曾有过最终解决，看起来公正是人类智慧只能努力推进而不可能给出最终答案的问题。"② 公正虽然是一个现代概念，但是公正思想发展几乎与人类的发展同步。自从人作为一个社会概念存在，要解决人与人之间的社会生活当中的各种矛盾，就必然要求助于公平、公正，它是现实社会准则也成为未来社会的理想。也正

---

① 周辅成. 周辅成文集（卷Ⅱ）[M]. 北京：北京大学出版社，2011：367.
② [英] Kelson. What Is Justice? [M]. California：University of California Press，1971：1.

因如此，从古至今人类从来都没有放弃过对公平、正义的追求。公正是一种善。在伦理学上，似乎没有人能够为"善"做出一个准确全面的定义，甚至摩尔说"善"是无法定义的。这样一来，好像也无法给"公正"一个确切的定义。但是，作为一个至为重要的伦理学概念，"公正"有其共识性的基本内涵。《美国百科全书》的"公正"条目指出"公正是社会全体成员间恰当关系的最高概念"，"它不取决于人们关于它究竟是什么的想法，也不取决于人们对自认为公正之事的实践，而是以一切人固有的、内在的权利为基础，这种权利源于自然法面前人人皆有的社会平等"。《辞源》对于"公正"的解释则是"不偏私，正直"，虽然只是从其反面意义上进行描述和同义替换，但也从另外一个角度说明"公正"的基本内容。尽管这些概括说不上是"公正"一词的精确定义，却道出了"公正"的基本内涵和性质，而有助于我们对"公正"概念的正确理解。

从伦理学的角度看，一般研究公正思想主要从这几个方面入手：一是从元伦理学的角度对公正的起源、概念范畴、理论原则等进行探求，从哲学的本体论、认识论、价值论等层面对公正思想加以探讨；二是进行公正思想史的研究，通过了解中外公正的发展历史研究在不同社会历史条件下的公正思想，从其发展变化看其历史作用，研究它作为一种规律性人类如何去把握，这类研究有规则伦理学的意义；三是与现实的社会各种状况相结合，在社会的各个领域展开的公正思想研究，这方面的公正思想研究具有应用伦理学的特征。事实上，在实际的研究和探讨过程中，这三个方面的研究常常没有分明界限。公正思想的研究表明，作为普遍的价值原则追求，当社会的不公正现象日渐增多和越来越严重时，对公正的研究之风就越来越浓重，正像周辅成对公正本身的一个概括"公正来源于社会的不公正"一样。这也许是当一个社会的统治者把公正作为基本的价值原则而社会的公正程度很高时，民众日用而不知，不会过分强调公正的重要性，而当社会公正状况越来越糟的时候，人们才有更多对公正的诉求。而从法理政治的思维角度，以西方公正思想的逻辑发展来看，公正作为讨论的重心随着社会发展在不同历史时期表现出不同特点，这反映了公正概念由实体性向程序性发展。"对西方公正思想逻辑进程的考察可见，在古代西方伦理学家看来，公正是一个德性问题；在现代西方伦理学家看来，公正是一个制度问题，而近代西方伦理学则处于一种过渡阶段，既强调公正的道德旨趣又把公正诠释为某种制度要求。"[1] 公正思想的发展史表明，人们对公正的规律性认识和把握趋向完善和成熟。周辅成把中国古代仁德之前出现的"义"看作是公正的一种表现形式，认为义德作为道德概念比仁德出现更早，指出义德（公正）作为人类道德生活和社会生活中不可抗拒的律则，对于人类社会来说有着不可替代的重要性，"因为人类社会如果没有仁，也许还可存在几年，如果没有义，只怕会立即瓦解了"[2]。

在当代公正理论诸流派中，罗尔斯、诺齐克、麦金太尔、德沃金等代表了公正理论的几个不同的方面。学者程立显认为任何有关公正的道德体系的实质就是要确立社会成员之间权利和义务相平衡的规则，这种平衡就是公正。这种平衡观念，同古代亚里士多德和孔子的中庸之道有相通之处，但是它更多地融入了现代民主和平等的特殊含义。社会公正理论的任务就是揭示"经由什么形式的政府来分配以及如何实现分配社会成员的权利和义务"。他把公正的类型进行这样的划分：政治公正、经济公正、教育公正等是社会公正的"内容"，而道德公正和法律公正则是社会公正的两种"形式"，只有"内容公正"和"形式公正"

---

[1] 戴茂堂，黄妍. 论西方公正思想的逻辑进程［J］. 唐都学刊，2013（7）.
[2] 周辅成. 周辅成文集（卷Ⅱ）［M］. 北京：北京大学出版社，2011：420.

的统一才能实现真正的社会公正。周辅成十分认可这些观点，并认为公正的思想和实践取决于对社会不公正的认识程度。同时他也从人民的立场出发，指出，尽管罗尔斯正义理论里的正义看似是社会公正，但实际上似乎只指在法律、政治范围内的正义，而非指社会的公正，即人民当中的公正。

二、公正何以比仁爱更为重要

周辅成认为公正比仁爱更重要，他在《中国伦理学建设的回顾与展望》（公元1996年）一文中，专门谈到这一问题，"我以为，21世纪的新伦理学，首先不是把仁爱（或利他、自我牺牲等）讲清楚，而是要先把公正或义（或正义、公道等）讲清楚。西方人五体投地崇拜基督，因为他注重爱（Charity），但西方人从《圣经·旧约》直到今日美国盛行的罗尔斯，讲的伦理道德多半都是以'义'或者'公正'开始，旧约先讲'义人'（似中国讲圣贤），经过近二千年，至罗尔斯，仍以正义为道德中心，补之以仁，这不是偶然相同，而是伦理学，如要成为一独立学科，就应该遵循这样的秩序或架构。爱而不公正，比没有爱更为可怕、可恨！"[①]

学者们从利益交换的角度对公正与仁爱的重要性比较问题进行利益增减的量化分析，在一定程度上论证了公正的道德价值比仁爱、宽恕、无私更重要，公正比仁爱更重要的结论，"等害交换和等利交换是保障社会和利益共同体的存在发展、最终增进每个人利益的最重要最有效的原则，显然意味着：公正是实现道德目的的最重要最有效的原则，因而具有最重要的道德价值，是最重要的道德原则。"[②] 除了这些论证，从

[①] 周辅成. 周辅成文集（卷Ⅱ）[M]. 北京：北京大学出版社，2011：451.
[②] 王海明. 为什么公正的价值比仁爱宽恕无私更重要[N]. 学习时报，2007.12.31.

人的本质和公正主体的多层次的角度分析，也可以说明"公正比仁爱更重要"这一重要结论。

关于公正与仁爱何者更重要的论题，可以从对人的本质的认识和人的发展需要以及哲学上的"一与多"的关系这一层面来阐述。对于人的本质是什么这一哲学问题，不同的哲学家在不同的语境下的回答也是不一样的，以个人主义为前提的哲学家们往往从人的单一自我的维度下定义，有些人把人的本质和人的欲望联系起来，认为人的本质就是无休止的欲望；有的人从相对于自然的本质的异质性角度认为人的本质是超越存在的存在者。若从现实生活和社会学意义上来看，马克思对人的本质的定义是符合伦理学标准的，他对人的本质之界定的三个命题（"劳动或实践是人的本质""人的本质是一切社会关系的总和""人的需要即人的本质"）当中，"人的本质是一切社会关系的总和"说明了人的社会性是其本质的表现。既然讲社会性，则无疑要考虑人与人之间的关系。首先，人与人之间的社会关系就是生产关系，它集中体现出人与人之间的物质利益关系，在物质利益关系中公正与仁爱的重要性哪个更为优先呢？显然公正更为根本。其次，当我们谈论物质利益关系中的公正问题时，从个体的人的角度、从道德自我或主体性或自我实现角度出发是必然的。当国内青年伦理学者们深入探讨公正问题的时候，周辅成肯定了他们在这方面所起的正确性，因为不注重主体、人格的价值，是没有办法讲社会公正和社会道德的，它是使个人脱离奴役状态的最根本条件。但是"正如几何学上，既要讲微分，也要讲积分。如果只重分，不重合，则对客观世界，等于把整体解散为无数零散的独立体"[1]，对"公正比仁爱更重要"这个论题的证明也不能只停留于微观的分析，归

---

[1] 周辅成. 周辅成文集（卷Ⅱ）[M]. 北京：北京大学出版社，2011：280.

根结底人是社会的人，讲公正必然放在马克思所言"社会关系的总和"这个背景下进行。

从利益得失的角度考察公正问题，不仅能说明公正的重要性，也能够说明公正之于人民的民主、自由等观念的相互联系。但是，以利益得失来考察公正问题不能仅以个人为主体，还要以社会主体作为公正含义解读的基础。因为如果单纯以个体为视角的话，就容易忽视掉社会公正的客观性和普遍性。其一，作为社会公正，人际关系的利益交换不仅仅存在于个体的人之间，也普遍地存在于个体的人、集团、代表公权力的实体等相对于个体人的外界社会存在之间，公正真正存在的意义在于社会存在与个人之间的利益交换和冲突产生的矛盾。其二，所存在于各种道德主体之间的利害关系是由损失或者得到利益的多少决定的，物质的利益似乎可以衡量，而精神的利益却是无法确定衡量的标准，这样会造成公正与否的判断困难重重。其三，如果不考虑道德主体之间的关系也会使公正判断依据的利益边界模糊不清。"自杀害己"，"求生利己"，也不是完全与他人毫无利害关系的，这样的行为对自己来说也许是无所谓公正不公正，但是对于其他人来说，也可能会有不公正。对一个自杀的人而言，他的父母可能因为丧子而痛不欲生，他的子女可能由于得不到应有的照顾而无法生存，所以他的自杀害己行为，对于其父母和子女来说未尝不是一种不公正。如果一个理论只有伦理学上的意义，而不能转化为政治学、社会学上的意义，那么就不能说这个论证完美无缺。其四，公正与否的判定既然以利益得失为标准，就必然存在一个道德行为主体各方都认可、认定的标准，然而这样的标准有时难以统一。比如一个政府利用手中的权力去损害人民（可能是集体也可能是个人）的利益，这样一个不公正的政府可以利用手中的公权力把损害人民利益的行为定义为"合法"，这样所谓的"正义"便是最大的不正义了。当然，如何保障公权力不被滥用、如何确保社会管理者或者统治者的产生最大程度上代表人民意志，这恰恰就是民主的问题。可见，一旦把社会公正作为普遍的社会问题考虑，就会发现它与社会的民主、人权、自由等观念联系在一起。

从国家（具有政治学意义）和社会（具有社会学意义）层面考察公正，可以看出民主制度与社会公正之间关系密切、不可分割。具体地说，在社会的发展的复杂过程中，社会管理者或者国家的统治者有时为了全民族和国家的整体利益有可能做出于个人（或者国家内集团）利益有损的事，这当然是两者相权取其轻的做法，但是保证程序的公正是必需的：一是确保国家行为一定要反映真正意义上的人民意志；二是确保其目的是整体的国家或民族利益，而不是为了其他个人（或国家内集团，当然包括统治者自身）的利益。尽管人民可以通过各种民主方式行使自己的民主权利去选择或者更换自己国家的统治者或管理者，但是也要对已选定的统治者或者管理者加以防范，这就要求一方面国家要有一部最大程度反映全民意志的宪法，确保社会公正地具有最大的客观性，把权力关进法治民主制度的笼子。另一方面，在公正的基础上把推行人道主义（体现"仁爱"）作为社会治理的最高原则，把人当人看，尊重人的价值，维护人的尊严，不能滥用"集体"的名义抹杀人的权利和自由。

综上所述，言说"公正"比"仁爱"更重要的原因是"公正"与"仁爱"相比更为根本，它源自理性，是社会基本秩序和架构的基础；而"仁爱"源自感性，只有在对公正遵从的基础上从才能发挥"正当"和"应该"的作用。

周辅成认为，公正比仁爱更重要的观点并不是要把两者对立起来，更不能简单化地认为两者可以相互代替。这是在处理公正与仁爱二者之间的关系时必须注意的问题。公正和仁爱互不可分、相辅相成。有人把公正问题看作是社会的伦理道德问题，把仁爱看作是个人修身修养的问题，这样的看法并非十分恰当。在一个到处充满不公正的社会里何谈仁爱？一个人人都具有仁爱之心的社会必将是个公正的社会。当一个人表现出公正的个性品质时，他内心一定有一个具有客观性的社会公正准则，所以个人的公正品格是来源于社会的公正。正是因为人是社会的人，必须放在社会大背景下，个人的修身才有意义，"个人修养，离开社会道德，决不能成为道德至多是宗教上所谓坐禅之类。也许不会做坏事，但不一定会做好事，做公正事，做真正的道德行为"①。公正和仁爱的不可分性表现在，有正义感的人必有仁爱心，有仁爱心必有正义感，易言之，个人道德和社会道德本来就是一致的。我们说公正比仁爱更重要正是由于人是社会的人，社会公正是有着更根本性的价值，它是个人与其他社会存在体利害关系交换的保障，社会公正体现了权利和义务的平衡尺度，正因为如此，亚当·斯密说："社会存在的基础与其说是仁慈，毋宁说是公正。没有仁慈，社会固然处于一种令人不快的状态，却仍然能够存在；但是，不公正的盛行则必定使社会完全崩溃。"②这才是公正比仁爱重要的真实意义。也因此，周辅成说："社会公正之学，首先要求每个人（特别是作为仆人的统治者）要承认他人或人民都有意志、有自由，不能以自己的意志，强加于人或人民。"③ 在周辅成看来，社会公正根植于人民群众之中，而不是依赖统治者来发布道德法典或者道德规范，社会公正的道德保障的主要责任在于统治者、当权者或者国家的管理者，他们应当顺应历史潮流，以人民的意志为意志，

---

① 周辅成. 周辅成文集（卷Ⅱ）[M]. 北京：北京大学出版社，2011：452.
② [英] 亚当·斯密. 道德情操论[M]. 北京：商务印书馆，1998：106.
③ 周辅成. 周辅成文集（卷Ⅱ）[M]. 北京：北京大学出版社，2011：453.

以人民的公正为公正，因为"公道自在人心"。"否定他人或人民有自由，就是不承认他人有道德。这是最不公正的现象。"①

第二节　周辅成对中外公正观念起源的探究

一、外国公正观念的产生

周辅成对外国公正观念的产生展开详细的考察，通过中国外国道德观念开端的对比，从中找到中西道德发展过程中公正思想所具有的一般规律。中西方道德的发展尽管因时因地在表现上有所差异，但在其根本原理上大体一致，总的方向大体相同，这说明世界文化具有统一性，也使文化的差异性最后有了落脚之处。他用中国哲学里的"理一分殊"，和西方哲学讲的共相属相（普遍与特殊）来概括这一文化现象。

像中国文化起源于黄河一样，外国最为古老的文化也大都与大河流域有关。虽然河流未必是决定因素，但是世界民族的文化理想借助河流（大河流域）得以发展，人类只有组成一个互相帮助、互相同情的社会才能生存、发展下去，因而就必须有一个维持共同利益的有礼有义的原则，特别需要一个建立在正义或者公正原则上的政治、道德秩序。古印度、古希腊中最早所表现的道德观念和政治观念大致相同，都强调"正义"和"法"，他们的道德发展也有着和中国古代礼法相类似的历程，古代的法典在今天看来有很多的弊病，一些血族复仇造成民族间战争和民族内部的内战，因而法律严酷而残忍，后来不得不从重义变为重

---

① 周辅成. 周辅成文集（卷Ⅱ）[M]. 北京：北京大学出版社，2011：453.

仁。在周辅成看来，无论古今中外，都不是先有"礼"与"法"而后有道德上的"义"或"道义"，而是先有人民或者社会公认的道义，而后才有一定的法礼或法典，这个"道"，就是人民要求的正义与道德规范。

古代埃及尼罗河文化，比中国的古文化早一千年，是人类最古老的文化。从他们留下的考古材料看，在他们崇拜的诸神中有一位女神名Maat，其职责相当于中国古代的"义""正""中""平"。她是含有道德意义的神中最主要的一个，"她是古代神话或者宗教将人间的各种德目加以人格化或神化的结果"①。公元前2000年左右的古埃及君王刻在墓上的遗言就有"公正或义，比任何其他事物都高""要坚持公义或真理""做事要正直"。这说明他们像古代的中国人一样重礼义，把义列为主德。根据美国学者的断定，埃及人民在公元前20世纪左右，在道德观念中，便已有责任感、良心感、人格感、仁慈感的存在，内心制裁或良心让他们最早进入良心时代、品格时代，他们最先明白了义与仁、礼与义，而且把它们都作为主德，可以并存且必须并存。

至于古印度的史料就更详细了。周辅成曾经对印度哲学做过专门研究，因此他对古印度的道德观念起源非常熟悉。公元前15世纪左右，雅利安民族征服了印度，本来就注重严格等级的社会被征服后就更重等级与专制：重君主，重集权，重国法、家法。他们要维持一个坚强的法制系统和道德系统，"法""道德""国王"三位一体，这种道德"礼"与"法"相通。古印度人的"达磨"（Dharma）一词意义和中国的"义"、古埃及的Maat相同。古印度重"达磨"为德之开端跟中国古人重义为德之开端，在社会环境背景上和流弊上差别不大，后来又都转为

---

① 周辅成. 周辅成文集（卷Ⅱ）[M]. 北京：北京大学出版社，2011：428.

注重仁慈，也非常相似。释迦牟尼与孔子差不多同时，孔子时代各国争雄、民不聊生、礼义无存；释迦牟尼处于十六国相互征伐的时代，加上政教冲突、人民困苦。释迦牟尼用去苦和行慈的办法，将过去的严厉专制无情的、以法的形式出现的"达摩"改造成慈悲的"达摩"，一如孔子把"大义灭亲"的"直"变为"父为子隐、子为父隐"的"直"。释迦牟尼和孔子都不把上帝或者绝对作为道德的最后依据，孔子注重仁且智，释迦牟尼注重慈悲和"悟"相兼济，他们要实现将道德落实到人的心中。释迦牟尼所代表的道德潮流对"达磨"产生的影响就像孔孟用"仁"来代替"义"的地位一样。

关于"公正"或者"正义"在西方亦有相同的道德观念开端的情况和变化。周辅成认为犹太教、基督教、希腊文化看似相异，实乃一贯，他主要是通过犹太教的圣经《旧约》来解析他们的道德观念在开端时的状况的，尤其是以摩西十诫为例分析了这些戒律似属宗教实为道德原理的要求，要人们相信正义或公正，有正义感，尊重十诫，秉公办事，诚恳生活就是人类最高的美德。古希腊最早的著作之一赫西俄德的《工作与时日》讲述：天神宙斯把正义这个最佳礼品送给人类，任何人只要知道并伸张正义，天神就给他幸福。如能公正待人对事，城邦就会繁荣、人民就会富庶。雅典的梭伦用他的公正观点制定了一部法典，成为此后古雅典城邦的国家和人民治国和立身处世的标准，梭伦说："我制定法律，无贵无贱，一视同仁，直道而行，人人各得其所。"这跟中国古代《尚书》上帝王的诰文没有区别。整个古希腊时期，甚至古罗马时期都将正义作为政治和道德的中心和最高标准，在古代全希腊人的心目中正义成为百德之总，在希腊四德（正义、勇敢、智慧、节制）中是最主要的德行。古希腊哲学三贤的哲学思想里，公正和正义是最重要的话题之一，到古罗马的西塞罗的《论道义》的时候，西方的义逐渐接近仁了：他讲义利之辨的时候把利己分为三种——利己损人、利己不损人、利己益人，认为第三种可以推行，如果在此意义上再加以推广，那就要重"仁"了。到了耶稣出现，主张"仁爱"，西方人的道德生活就为之有了大的变化了。

周辅成通过以上对古埃及、古印度、古希腊、古罗马道德观念起源的回顾，用证据和事实告诉我们世界范围内的古代文化里，道德观念起源的规律大同小异，公正、正义的观念是人类较早产生的道德观念，而且常常经过先有公正，而后有仁爱的历程。纵观今日全球，人类的各种文化有交流有碰撞，民族的、宗教的冲突接连不断，在价值观念上人们需要找到一个求同存异的生存路子，这就是具有普遍意义的价值共识，尽管人们在政治和意识形态领域的一些观念争论不休，但是以"一切人固有的、内在的权利"为基础，从人的"自然法面前人人皆有的社会平等"考虑，在伦理道德领域必定能找到像公正、正义这样的价值共识。民族之间的差异性只有在朝着人类共同的道德观念和原则出发，才能减少摩擦和冲突，而走向世界和平，这样的公正思想才具有全球视野和人类气象。

二、中国公正观念的起源

周辅成认为，与外国公正观念起源的情况相似，中国古代"义"德作为观念无论是从古史材料看，还是从理论发展过程看，都比"仁"的出现要早，而"义"就是公正的表现形式。《说文解字》【卷十二】【我部】释"义"字："義，己之威儀也。从我羊"，后来被引申出各种意义。他在考察"义"的字源的时候，没有简单地信从众人之说，而是从社会生活的客观环境和道德发展之间关系的角度进行了考证分析：从字源说，上半是羊，象征的是游牧时期的财产，而下半部分的

"我",左半是"禾"指农民的秧田,右边的戈是指执干戈以保卫财产。由此看出,义的作用就是用以维持经济生活和政治生活,具体地说"义"是一种立法、卫法、守法的行为,是政治、社会的根本原理,也是道德的根本原理。他的解释独特而合理,这一论断表明了"义"或公正对社会生活的根本性作用。有人说"义(義)"字和"美、善"一样皆从"羊",很有道理,它说明在"义"产生之初,人们就把它看作具有良好的道德意义。郭沫若在他的《先秦天道观之发展》中曾分析"德"的字源,认为在人群中从直从心是从德的表现,说明正直、正义是道德观念上最重要的内容。在《尚书·洪范》里就有"三德,一曰正直,二曰刚克,三曰柔克""无偏无陂,遵王之义",可见正直或者正义很早就被列为百德之主了。"义者,宜也"(《中庸》);"义者,正也"(《墨子·天志下》);"义,人之正路也"(《孟子·离娄上》)。周辅成认为"义"作为"道德生活、社会生活中不可抗拒的律则",是重要而必需的,"仁可以少谈,但义决不可以少谈"[1]。古人最初讲义的时候,并不是反对利的,而且力争义与利的一致性,在《尚书》《左传》《国语》《墨子》《管子》等书中都有这样的思想。如果说在孔孟的仁道之前,义德是公正思想的一个表现形式,那么在经过社会状况(春秋战国社会经济)和思想(百家争鸣的局面)的发展之后,义的含义就发生了变化,仁德或者仁道成了主德,到孟子把仁义礼智并举的时候,义与利不一致甚至相反了。但是义作为公正的思想主要内涵没有变,其一,它作为理性化的观念,更倾向于客观事实的原理法则,仁的被重视,使主观意志得到更多的考虑。其二,它存在于政治、法律、宗教之中,虽然统治者的法律和命令常常出自他们主观的意图,但

---

[1] 周辅成. 周辅成文集(卷Ⅱ)[M]. 北京:北京大学出版社,2011:422.

作为普遍价值原则的公正思想仍在其中发挥很大作用。

再看"公""正"二字,《韩非子·五蠹篇》:"仓颉之作书也,自环者谓之私、背私者谓之公。"《说文解字》【卷二】【八部】:"公,平分也。从八从厶。八犹背也。韩非曰:背厶为公。古红切。"由此可见许慎认同韩非的解释,把公作为与私相对的意义来定义。金观涛和刘青峰曾对汉以前14种最重要经典中"公"字的意义进行检查,《老子》和《庄子》中"公"的出现次数很少,除了《荀子》和《吕氏春秋》,大多数早期典籍都是在与"私"对立的意义上使用"公"的概念。如"自环者谓之私,背私者谓之公,公私之向背也。"(《韩非子·五蠹》)"天公平而无私,故美恶莫不覆;地公平无私,故大小莫不载。"(《管子·形势解》)"以私害公,非忠也。"(《左传》)① "公"与"私"对比使用的意义,在于社会的公共性道德与个人的私人道德之间的划分。在儒家思想观念里,"公正"的伦理终极目标在于社会的全体。张灏指出:"儒家道德思想的核心是以仁为枢纽的德性伦理,而后者有一个根深蒂固的社群取向。在儒家传统里,德性伦理是与天人合一的宇宙观紧结在一起的,因此它认为宇宙的真实是超越个别形体的大化之全。而就其价值观而言,德性伦理的终极目标也是超乎个人的社会全体。因此不论从宇宙论或道德论的观点,儒家的基本取向是超越个体而肯定那共同的宇宙或社会整体。而'公'这个观念就代表这种整体取向。转型时期,德性伦理虽然在动摇中,但这社群取向,仍然深植人心,有意无意地决定着中国人对事物的看法。"② 关于"正"字,正字的甲骨文写法上面是个方框,下面是象征脚的"止",上面的方框表示

---

① 金观涛,刘青峰.观念史研究——中国现代重要政治术语的形成 [M].北京:法律出版社,2009:75.
② 张灏.中国近代转型时期的民主观念 [J].二十一世纪,1993(8).

城郭或者部落，下面的"止"表示走向城郭或部落，意为行军征战，以伐不义之地，所以"正"为"征"的本字，它在古文里才有，后来以"征"字代替。《尚书·汤誓》里有"予畏上帝不敢不正"①。《诗经·齐风·猗嗟》里有"终日射候，不出正兮"。实际上"征"与"正"意义上也不是全然没有关系，"征"表示正义之师讨伐不义的行为。据《说文解字》【卷二】【正部】："正，是也。从止，一以止。凡正之属皆从正。㥣，古文正从二。二，古上字。𧾷，古文正从一足。足者亦止也。之盛切。"五代南唐文字训诂学家徐锴在《说文解字系传》里解释为"守一以止也"。以此可见"正"的本义是"不偏斜，平正"。"正"即是不偏离一定的准则，合乎当然、必然。在中国很早就有把"公""正"两字放在一起使用的情况，在《荀子》里就有，"贵公正而贱鄙争，是士君子之辨说也"（《荀子·正名》）②，这里说的"公正"是指在辩论过程中要对事理有所把握，不能强词夺理，讲的是"公正"作为一个词语具有认识论方面的意义。中国古代的公正观念更多是从"公"与"私"的对立角度讲公正，由于中国古代社会所独有的家、国社会结构发展特征，中国古代公正观念不仅是注重其合"理"性，而且注重合秩序性，但是这种偏向更容易导致对个人权利的忽视，这也是通过与西方公正思想发展过程进行对比可以看到的结果。

中国古代的公正观念主要来自哲学上的宇宙观。在天道与人道的关系上，先秦儒家和道家有一思想共同点，即都旨在"推天道以明人事"，但是认识截然不同，《老子》第七十七章："天之道，其犹张弓与！高者抑之，下者举之，有余者损之，不足者与之，天之道损有余而

---

① 屈万里.尚书今注今译［M］.上海：上海辞书出版社，2015：66.
② 梁启雄.荀子简释［M］.北京：中华书局，1983：319.

补不足。人道则不然，损不足，奉有余。孰能有余以奉天下？其唯有道者。"① 道家认为人道是和天道背道而驰，天道是公平公正的"天之道损有余而补不足"，而人道恰恰相反，是"损不足，奉有余"，人道只有假"有道之人"才能"有余以奉天下"，才能实现公平公正。在儒家天人相合的哲学观念里，公正思想作为人道的一种表现形式来自天道。在《易经》里代表"天"的"乾"卦的卦辞是"元亨利贞"，对这四个字的断句和解释古今各有不同，《左传·襄公九年》载："穆姜释《随》卦卦辞，读'元、亨、利、贞'，以元为仁，亨为礼，利为义，贞为正，称为'四德'，赋予道德规范的含义。"② 孔颖达疏："元，始也；亨，通也；利，和也；贞，正也。"表明"天"有"正"的品性。那么人道既然来自天道，或者说天人一体，因此人就应该具有公正公平这样的天性。《周易·说卦》："穷理尽性，以至于命。"孔颖达疏："穷极万物深妙之理，究尽生灵所禀之性。"《礼记·中庸》："唯天下至诚为能尽其性，能尽其性，则能尽人之性，能尽人之性，则能尽物之性。"③ 汉郑玄注："尽性者，谓顺理之使不失其所也。"这些都是讲人要"穷理尽性"，从而表现出天理的公正。但是在现实的伦理政治条件下，宗法等级的社会结构本身制约着人的"穷理尽性"过程，所以考察公正思想就不得不考虑礼和法与"以人为本"精神的对抗性，用现代的权利和义务的观点看，固然礼、法也是个人社会层面和国家政治层面公正性的体现，但是家天下的政治权力影响以及儒家思想里"重整体不重个人"的思想背景，决定着中国古代伦理政治常常把义务大于权利作为一种公正。春秋以前的井田制"方里而井，井九百亩。其中

---

① 高明. 帛书老子校注 [M]. 北京：中华书局，1996：202-203.
② [清] 阮元，校勘. 十三经注疏 [M]. 上海：上海古籍出版社，1997：1942.
③ 王文锦，译解. 礼记译解 [M]. 北京：中华书局，2001：790.

为公田，八家皆私百亩，同养公田。公事毕，然后敢治私事"。(《孟子·滕文公上》)① 就是一个典型的例子。也正因为如此，在周辅成看来，儒家作为政治理想的"大同"社会要比"小康"社会更具有公正合理性，"'大同'如果是完全的甚至是绝对的公正世界，那么，'小康'则可以说是相对的公正世界"②，这是儒家伦理思想里公正观念的变化过程。

由于思想的来源、价值观念的形成过程等方面的不同，中国古代公正观念与现代的公正观念是有所不同的。在现代社会里，作为普遍价值原则，公正主要是讲求公平、合理地对待群体当中的每个个体。怎么样才算公平、合理地对待群体中的每个个体呢？那就是公正作为一个一般伦理原则的特点要符合人性、符合作为"理性存在物"的理性。在一定的现实社会观念条件下也许公正所依据的原则有所不同，但是它一定以那个观念下每个个体都认可的价值原则作为准则，因为在理性的世界里，"人同此心，心同此理"。当然，这是作为基本观念的公正，而在实际的社会生活和政治实践中面对的问题要复杂得多，这正是罗尔斯在其《政治自由主义》里提出"重叠共识"理论的原因所在。学者一般认为，现代意义上的公正是建立在西方近代社会契约论基础之上的权利和义务的平衡，这是一个非常简单明了的阐述，使公正的概念更易于把握和认识。"公正，作为衡量人们的社会行为和社会的公共规则的道德原则，就表现为这样的原则：以权利为本位而义务与权利相对等、对称和对应。"③ 在权力主体合法性得以保障的法理政治制度下，以个人权利作为本位，让公正上升到社会治理根本原则的制度层面上，把权利和

---

① 杨伯峻译注. 孟子译注 [M]. 北京：中华书局，2005：119.
② 周辅成. 周辅成文集（卷Ⅱ）[M]. 北京：北京大学出版社，2011：364.
③ 崔宜明. 论公正 [J]. 伦理学研究，2004（4）：20-24.

义务的平衡作为公正与否的价值评判，毫无疑问这非常自然、可靠。

第三节　周辅成对先秦儒、道、墨家公正思想的发掘

在思想史上，先秦时代可谓是中国历史上一个光辉灿烂的时期，"轴心时代"的"百家争鸣"所形成的思想深远地影响了后世中华文明的发展和走向。在中国古代公正思想史里，先秦儒家公正思想占有重要的地位。在周辅成看来，正是先秦儒家公正思想造就了儒家的政治理想，影响了中国古代两千多年的政治和伦理的发展。先秦儒家公正思想是在与"诸子百家"其他流派的互相"争鸣"中形成的，它与道家、墨家等有较大影响力的学术流派的公正思想相互辩难、相互影响，吸收了诸多思想并加以融合。在讨论先秦儒家公正思想之前，我们首先分别对道家和墨家的公正思想进行简单考察。

一、道家和墨家的公正思想

（一）关于道家的公正思想

中国先秦公正思想不仅仅为儒家所独有，公正作为普遍价值意义的原则存在于各种思想之中。它不仅是诸子百家的普遍共识，更是存在于社会基本观念里的普遍认识，正所谓"是非自有曲直，公道自在人心"。在道家看来，公正来源于"道"，天道的公正性在于"损有余而补不足"。老子对于社会各种不公平现象非常不满，《道德经》第七十五章："民之饥，以其上食税之多，是以饥。民之难治，以其上之有为，是以难治。民之轻死，以其上求生之厚，是以轻死。夫唯无以生为

者，是贤于贵生。"指出了社会不公、百姓疾苦的根源是统治者贪得无厌。百姓饥荒，是因为统治者吃得太多；百姓难以治理，是因为统治者政令繁苛，喜欢"有所作为"；百姓不畏惧统治者施加的死亡威胁，是因为统治者把自己的生命看得太贵重。为改变这样的社会不公，老子提出了解决问题的办法。他主张"圣人为而不恃，功成而不处，其不欲见贤""无以生为"，只有这样才能达到天道、自然的平衡，实现社会的公平、公正。为了维持公正公平，得道的圣人（君王）应该"（圣人）无常心，以百姓心为心。善者，吾善之；不善者，吾亦善之，德善。信者，吾信之；不信者，吾亦信之，德信"（《道德经》第四十九章）①。这就要求统治者要以百姓的意志为意志，以善待不善，以信待不信，达到天下皆善、皆信的目的，如此自然也不会有社会不公正的现象了。除此之外，老子还认为，要保障公平公正，对于圣人来说还要有平等对待百姓之心，也就是对所有人都一视同仁。《道德经》第五章："天地不仁，以万物为刍狗；圣人不仁，以百姓为刍狗。"王弼注："天地任自然，无为无造，万物自相治理，故不仁也。……无为于万物而万物各适其所用，则莫不赡矣。"② 王弼的解释是天地为天道放任自然，并不加惠于物，而圣人对一般百姓来说，也任其自由和自然生存。老子这一思想体现出尊重每个人先天自然条件的公正性。《道德经》还强调公正意义在于自由。"人法地，地法天，天法道，道法自然"，就是人通过法地法天法道从而法自然，自然是放任自然，本来如此。"自然"可以说是一种属性描述，亦可说是"道"本身，正如耶稣基督所言"我是我所是"，所以人应当是"自然"的人，人的存在是"自然"的，"自然"是公正之源，不符合"自然"必然带来不公正。

---

① 高明. 帛书老子校注[M]. 北京：中华书局，1996：58-60.
② 楼宇烈. 王弼集校释[M]. 北京：中华书局，1980：13.

（二）关于墨家的正义思想

周辅成始终认为公正、正义是伦理学的核心概念，而早在春秋时期的墨家就已有了这样一种观念，墨家思想把正义放在世间一切事物的首要位置。《墨子》一书的《贵义》，开篇就讲义的重要性："子墨子曰：万事莫贵于义。今谓人曰：'予子冠履，而断子之手足，子为之乎？'必不为。何故？则冠履不若手足之贵也。又曰：'予子天下，而杀子之身，子为之乎？'必不为。何故？则天下不若身之贵也。争一言以相杀，是贵义于其身也。故曰：万事莫贵于义也。"①（《墨子·贵义》）墨子认为"圣人"的修行方法并不是太复杂。只要抛弃喜怒哀乐，坚持以正义为言行之原则，身体的各种感官都为实现义而付诸努力，那这个人就会成为"圣人"。他认为"义"是具有客观性的。"义者，正也"（《墨子·天志下》）②，因此它更倾向于一种客观原则。这一点与儒家孟子所讲的"义"有所不同。"为义而不能，必无排其道。譬如匠人之斫而不能，无排其绳。"③（《墨子·贵义》）即使人做不到"义"所要达到的行为，也不能否定"义"本身的正确性。墨子非常注重在实际行动当中去践行"义"，反对人们知难而退，做一个世俗的君子，厌恶人们只会空讲"义"的名称而不去身体力行地实践。墨子认为："义"要靠君子不畏艰难地去推行，如果每个人都行义举，则人间就是一个公道的世界。在墨子那里，"义"之所以为"义"的公正性在于它对所有的人都是平等的。"今有人于此，负粟息于路侧，欲起而不能，君子见

---

① 孙诒让. 墨子闲诂 [M]. 北京：中华书局，1954：275.
② 孙诒让. 墨子闲诂 [M]. 北京：中华书局，1954：134.
③ 孙诒让. 墨子闲诂 [M]. 北京：中华书局，1954：277.

之，无长少贵贱，必起之。何故也？曰：义也。"（《墨子·贵义》）①帮助一个背负米袋的人从路边站起来，不管他"长少贵贱"，都是一个行义之人应该做的，这从行为的目的性说明了在墨子那里"义"的概念与"仁"的不同：帮助他人的动机不是源于对他人年老或年幼或身体羸弱的心怀同情；也不是因为对他人高贵或者低贱的地位表示尊敬或怜悯，而是因为内心要遵循"义"的准则。由此可见，墨子的"义"有些类似罗尔斯的"正义"，但又有所不同，罗尔斯的正义理论是"（个人）权利优先于善"，强调个人的权利，而墨子所讲的"义"是利他的"义"。他对"义"的解释："义，利也。"（义，施利于人事）（《墨子·经上》）②重点落实到他人或者天下人的权利上。事实上，这也正是墨子公正思想的脆弱之处，因为人皆具有自私自利的天性，这实在是一个矛盾。人天生自私，但人有追求、认识自我、道德自觉的能力，所以才克服这种自私自利或者在利他前提下自私自利，从而确立一个"利他是善"的观念，而在利他向善的追求过程中，利他必然和天性的自私自利相冲突，这在道德理论上是个关键的问题，以至于伦理学里有目的论和义务论两大方向在理论上的相互对立。在今天看来，墨子的公正思想强调其外在的客观性，很少考虑个人的利益，他到处游说别人实践这种理论，颇有"为道德而道德"的意味，这样的道德实践在形式上类似康德的义务论，依赖的是人们自发的良心。虽然墨子的"贵义"思想不完全是利他、利社会，也有利己的成分存在，但重心仍然偏向于个人之外的他人和社会，"义可以利人，故曰：义，天下之良宝也。"③（《墨子·耕柱》）因此，无论墨子的游说对象是王公贵族还

---

① 孙诒让. 墨子闲诂 [M]. 北京：中华书局，1954：280.
② 孙诒让. 墨子闲诂 [M]. 北京：中华书局，1954：196.
③ 孙诒让. 墨子闲诂 [M]. 北京：中华书局，1954：269.

是平民百姓,他的理论似乎都没有产生非常明显的效果。

墨家"义"的观念来自哪里呢?如同认为公正来自"天道"的道家一般,墨家认为"义"来自"天志"。"是故义者,不自愚且贱者出,必自贵且知者出。曰:谁为知?天为知。然则义果自天者出也。"(《墨子·天志下》)① 这就是说墨子把公正看作天的意志的一种,因而具有客观性。那么出自"天志"的"义"要怎么样才能得以保证呢?墨子认为,这要靠明鬼以赏善罚恶,靠人们对天的信仰和对鬼神的敬畏。很显然这种保障不甚牢靠且约束力有限。墨子认为圣王一定要效法"天"的公正和正义,"法不仁不可以为法。故父母、学、君三者,莫可以为治法。然则奚以为治法而可?故曰:莫若法天。天之行广而无私,其施厚而不德,其明久而不衰,故圣王法之。"(《墨子·法仪》)② 在这一点上,墨家的"义"与儒家的"义"又有所不同,墨家把公正看作外在的、客观的,而儒家则是把公正看作内在的、主观的,特别是孟子把公正、义根植于人的内在心性上,正义取决于人的内在良心。儒家把"义"或者公正落实在统治者身上,认为经由"修齐治平"的路子而产生的圣人执政者应当把公正作为执政的理念,公正本身也是君王的执政之德,这样就能把公正贯彻到礼、法上面去,成为社会上下严格遵守的准则。如果说墨家的公正思想仅具单纯的伦理意义,那么儒家的公正思想则既有伦理意义又有政治意义。因此,相较于儒家思想而言,尽管墨家公正思想似乎更具有现代伦理学的架构,但是在实践当中它却没有像儒家的公正思想那样具有强大的生命力。在最能体现公正思想的人才选拔方面,墨家与儒家有基本相通的主张(举贤任能),只不过墨家更倾向于以公正为原则。墨家主张"尚贤":"官无常贵,而民无终贱,有

---

① 孙诒让.墨子闲诂[M].北京:中华书局,1954:135.
② 孙诒让.墨子闲诂[M].北京:中华书局,1954:13.

能则举之，无能则下之，举公义，辟私怨，此若言之谓也。"（《墨子·尚贤上》）① 公平、公正地对待官与民，实现"举公义，辟私怨"。

二、儒家的公正思想

从以上道家、墨家的公正思想可以看出，在先秦时期，公正思想和公正意识已经在社会观念当中占有非常重要的地位，每个思想学派所主张的公正都跟其天道观念、学派宗旨相联系，虽各有不同，但确有诸多相似之处。儒家是当时影响较大的思想流派之一，其公正思想也较为丰富。先秦儒家公正思想体现在社会的各个领域，主要包括政治统治和管理，社会生产、商品交换和分配各环节，人才选拔与任用，以及教育（诸如"有教无类"的公平教育思想）等方面。本书重点讨论先秦儒家公正思想在政治制度方面的影响和对社会发展的作用，结合先秦儒家对政治制度提出的公正性要求，孔子以仁义补公正之不足的社会责任意识等方面的问题加以阐述。这些思想是儒家伦理思想的重要组成部分，先秦儒家在这些问题上的理念和认识是周辅成对儒家思想精义总结、概括和阐发的基本依据。

（一）先秦儒家公正思想之源

现代学者认为，公正是社会基本制度设计的首要价值目标，它是体现社会制度的正当性和合法性的根本基础，任何无惧公正性的社会都会因为这个基础的缺失而最终瓦解，因而罗尔斯说，"正义是社会制度的首要价值，正像真理是思想体系的首要价值一样"②。"大同社会"是先秦儒家政治理想里所设计的完美制度，它最大限度地体现了制度的公正

---

① 孙诒让. 墨子闲诂 [M]. 北京：中华书局，1954：29.
② [美] 约翰·罗尔斯. 正义论 [M]. 何怀宏，等译. 北京：中国社会科学出版社，1988：3.

性。先秦儒家把源于天道的公正性应用于"大同"社会的理想设计，通过设想描绘出一幅美好的"公正"图景。关于"大同"一词，一般认为较早出现在《庄子·在宥》篇："颂论形躯，合乎大同，大同而无己。"郭象注："其形容与天地无异。"这里的"大同"意思是"与天地万物融合为一"。其实在《尚书·洪范》里就出现有"大同"一词："汝则从，龟从，筮从，卿士从，庶民从，是之谓大同。"《洪范》产生的背景是，周灭殷之后，周武王向箕子（殷纣王的叔父）询问治国的方略，箕子就依据相传大禹得到的《洛书》详细阐述了九种大法，史官记载了箕子的话而写成了《洪范》。其中第七条"稽疑"（考察疑惑）提到，君王遇到重大疑难问题的解决办法是："汝则有大疑，谋及乃心，谋及卿士，谋及庶人，谋及卜、筮。汝则从，龟从，筮从，卿士从，庶民从，是之谓大同。"[1] 由此可见上古君主面对重大疑难问题的处理原则就是"谋"（商量），如果还决定不下来就占卜问卦。其实这是征求民众意见的一种形式，也是公平公正的表现方式，如果君主自己、卿士、庶民、龟卜、蓍筮都赞成的话，就称为"大同"，这说明"大同"在"大家都同意"的背后，代表着具有公正性的公共意志，这一意志所体现出的公平可兼顾到社会不同阶层的利益，由此可见，"大同"一词在最初的意义上就有着公正的含义。

广为人知的《礼记·礼运》如此描述："大道之行也，天下为公，选贤与能，讲信修睦，故人不独亲其亲，不独子其子，使老有所终，壮有所用，幼有所长，矜寡孤独废疾者皆有所养，男有分，女有归，货恶其弃于地也，不必藏于己，力恶其不出于身也，不必为己，是故谋闭而不兴，盗窃乱贼而不作，故外户而不闭，是谓大同。"[2] 这是一段关于

---

[1] ［清］阮元，校勘. 十三经注疏［M］. 上海：上海古籍出版社，1997：191.
[2] 王文锦，译解. 礼记译解［M］. 北京：中华书局，2001：287.

"大同"的经典论述,也可谓是儒家至高的政治理想。这是一个以"大道之行,天下为公,选贤与能,讲信修睦"为前提条件的美好愿景,其中心意旨不外乎"公正"二字:"大道"是公正之道;"天下为公"是政治制度的公正;"选贤与能"是人才选拔制度的公正;"讲信修睦"是社会道德的公正。其中,最为根本的是"天下为公"。周辅成在《论社会公正》一文中对"天下为公"的原意进行解释:"陈澔注云:'天下为公,言不以天下之大,私其子孙,而与天下贤圣公共之。'孙中山先生讲的'天下为公',亦似同此意。惜今人的理解,有的与原意相去甚远。"[1] 天下是天下人的天下,这是政治社会最大的公正,用今天的话来说,就是体现出最大的民主性。"大道之行"的"道",即是儒家所说的"天道"或者说是源自内心"良知",道德上包含"至善""公正"的自然和社会的规律性,"天下"为所有"天下人"的"天下"是"大道之行"的必然结果。正如孙中山所说,"政治乃管理众人之事",既然"众人之事"需要管理,那么公正地选拔管理人才是必须的,因而只有实施"选贤任能"的人才政策才能确保其公正性。这段话还提出在经济上、社会财富分配上的公平要求。至于人与人之间的信任与和睦也必定以公平、公正为基础。

(二) 先秦儒家公正思想之变

先秦儒家在政治学角度对社会公正性的认识是有所变化的。在周辅成看来,先秦儒家思想在"天下为公"的理想追求下所产生的公正意识并不偏狭。从《礼记·大同》篇里可以看出,它所论及的社会公正性完全是以社会每个个体的人为出发点,所以其公正性完全符合社会根

---

[1] 周辅成. 周辅成文集(卷Ⅱ)[M]. 北京:北京大学出版社, 2011:364.

本的普遍价值原则，依照儒家经典的论述看，尧舜时期正是这种社会存在的代表形式。然而，一俟形成以"家、国、天下"为社会基本结构的小康社会的出现，便以差等和区别的精神来构造公正的观念了，于是出现了"天下为家，礼义为纪，兵刑为用"的境况。在心性论上，儒家思想对"大同"和"小康"有明确的区分："尧舜，性之也；汤武，身之也。"[①]（《孟子·尽心下》）朱熹的解释是，"尧舜天性浑全，不假修习。汤武修身体道，以复其性"（朱熹《孟子章句》）。较之尧舜，汤武时期社会观念架构下产生的公正思想具有其偏狭性。由于受"家天下"历史条件的限制，相比于大同社会，儒家的公正思想只能在"小康"范围之内展开。尽管如此，先秦儒家公正思想在理论原则上还是基本保持了价值的普遍性。

如前所述，周辅成认为世界古代文化道德观念的起源有一共同的规律，即是公正观念先于仁爱观念的产生，而且往往以仁爱补公正之不足。中国古代孔子之前不仅公正观念早已存在，而且仁的观念也已存在，只不过孔子把它发展为儒家的核心观念，使之成为又一"主德"。孔子不是"仁"的发明者，他的贡献在于以仁德补义德之不足，以克服小康社会相较于大同社会的偏狭性。为什么体现公正的"义"道在社会流行千百年后为后来的"仁"或"仁道"夺去其主德地位了呢？周辅成认为有这样几个原因：首先，以义为主的道德潮流，过于注重客观的理则，却忽略了主观的意志作用，而统治者又滥用"大义灭亲"的主张，人民难免不加以反对；其次，由于人自私自利的本性，"义"在"利"的面前尤其显得软弱无力；再次，义或者礼义，与政治、法律、宗教等制度相较而言，很难区别，特别是在古代专制制度下，统治

[①] 杨伯峻. 孟子译注［M］. 北京：中华书局，2005：338.

者自定法律，以圣旨、天命的形式要求人民遵守，而人民常常觉得天命和他们作对，便会起来反抗；最后，随着社会的变化，铁面无情的礼义准则往往不合时宜成了"不公正"。尤其进入春秋战国时期后，世道衰微，列国争雄，上至天子，下至庶民都以礼义为口号，百姓已经分不清什么是真正的礼义了，对这种礼义之道的反感也促使了孔孟仁道的产生。易言之，周辅成所讲的这几方面原因，其实正是儒家提出"仁爱"的道德主张的原因，其目的是以仁爱补公正之不足，以克服小康社会的公正思想所具有的偏狭性。在上述诸原因当中，过分注重客观理则，而不考虑主观意志的作用是问题的主要方面，因为那样看似客观公正，但在经济社会发展、人与人之间的利益冲突过程中，这些礼义根本不能完全发挥公正的作用。"义道"本来也是讲"利"的，而且非常重利，《尚书》里就有提到"正德、利用、厚生"，然而，有时"义"在现实的利益面前是表现得如此软弱无力，以至非法律不能解决。以"家天下"为特征的社会统治者显然不可能完全不谋自家私利而只替天下老百姓着想，但是他们所制定的法律或者命令都是打着遵循天道的旗号，把自己的意志说成是公正，这当然会令百姓不满意。也可以说，孔孟仁爱之说的产生也正是顺应了社会发展的潮流。说仁爱代替了义道而成为主德，说仁爱跟公正有什么矛盾，而是以"仁"救济义德之不足，因为"仁"的本身也包含有公正之义。及至汉武帝"罢黜百家，独尊儒术"，定儒学为一尊，儒家思想成为官学、显学，为专制政治所利用，更加显出以礼法为背景的社会公正思想对普遍人性的偏离，以至于戴震认为宋儒就是在以"理"杀人，由此可见那样的"公正"已经失去其应有的公正性而沦落为扼杀人性的借口和工具了。

儒家公正理念作为一种社会理想价值和目标最早体现在《礼记·礼运》中所说的"大道之行，天下为公"，它作为制度性设计的动机基本上是出于关注民生的忧患意识。可见先秦儒家的公正观从一开始就是以关注普通百姓的生存状态作为出发点的,而不是从统治者的角度提出社会公正的规范。在夏、商、周"家天下"的宗法社会伦理结构中,在以天子、诸侯、卿大夫、士、庶人相排列的等级制度下,相对于个体的人来说社会的公正性体现在两个方面,一方面个体的人要服从天子王权,"溥天之下莫非王土,率土之滨莫非王臣";另一方面,个体的人安于在这个等级结构中所应该得的"分"位,"不患寡而患不均"。这看似不太公平的两个方面为什么被儒家看作公正呢?因为儒家提出这样的要求是有条件的,即天子或者统治者必须是为普天之下百姓利益考虑的圣贤王者,也就是说,在他们如此定位个人在社会中所具有的公正性的时候,已经把统治者为政所具有的公正性作为预设的条件。这是儒家在"大同"社会的理想无法实现的情况下,认可"小康"社会的选择。因此,先秦儒家把君主对社会公正所负有的责任看作是所有问题的前提。先秦儒家对君王们的态度可谓是泾渭分明:对坚持"以民为本"思想理念的圣贤明君极力赞扬;对荒淫无道、不顾百姓死活的昏君痛加斥责。他们对君王或统治者提出非常高的要求:不仅仅德才兼备还要遵行天道。儒家认为公正来自天道,而"天视自我民视",天道即是人道。这样儒家从国家、君王、天下、百姓大众的一体性出发,把天道循环到人道,把社会的公正性还原到人民之中而寄托于统治者身上,因此在儒家的公正思想和政治理念里,公正必然成为执政者的为政之要和执政之德。

(三)先秦儒家公正思想之守

"选贤与能"不仅是对官员选拔的标准,更是对理想中的君王的要求。因此,先秦儒家们处处时时提醒统治者恪守公正原则、以民为本、为政以德。《尚书·洪范》中就有"无偏无颇,遵王之义","无偏无党,王道荡荡;无党无偏,王道平平;无反无侧,王道正直"。① 强调公平正直、不结党营私是圣王治理天下的关键。孔子说:"政者正也。子帅以正,孰敢不正?"(《论语·颜渊》)②"其身正,不令而行;其身不正,虽令不从。"(《论语·子路》)③ 孟子从人自身反思角度来言说统治者秉持公正的重要性:"行有不得者皆反求诸己,其身正而天下归之。"(《孟子·离娄上》)④ 孟子不满于统治者的不公正,曾直面指责梁惠王治理下的国家腐败、不公正、不人道。孟子不仅指出社会理想的实现有赖于社会公正的保障,而且提出了有利于人民公正性的、有层次的义利观。他认为公正的社会对人民来说,首先是人民之利,教育和德育还在其后;与之相反,对于统治者来说,首先讲的却应当是义,也即是先要执行公正的原则,而利在其后。周辅成说,这个上下之别十分重要,义利之辨,如果不重视这个上下之别,很可能造成最大的社会不公正。荀子则更是强调君主公正无私对臣民的决定性影响和对治理国家的极端重要性:"请问为人君?曰:以礼分施,均遍而不偏",(《荀子·君道》)⑤ "上者、下之本也。上宣明,则下治辨矣;上端诚,则下愿悫矣;上公正,则下易直矣。治辨则易一,愿悫则易使,易直则易知。易一则强,易使则功,易知则明,是治之所由生也"(《荀子·正论》)。⑥ 如果国君不能秉公而行,不能以公正为德,不能以公正之心施恩惠于天下的话,那么国家的灭亡是必然的。《晏子春秋·外篇上》

---

① [清] 阮元, 校勘. 十三经注疏 [M]. 上海: 上海古籍出版社, 1997: 190.
② 杨伯峻译注. 论语译注 [M]. 北京: 中华书局, 2009: 127.
③ 杨伯峻译注. 论语译注 [M]. 北京: 中华书局, 2009: 134.
④ 杨伯峻译注. 孟子译注 [M]. 北京: 中华书局, 2005: 167.
⑤ 梁启雄. 荀子简释 [M]. 北京: 中华书局, 1983: 160.
⑥ 梁启雄. 荀子简释 [M]. 北京: 中华书局, 1983: 233.

所记录的晏子对齐景公的一段话说明了当时人们对国君必须具有公正之德的认识:"由君之意,自乐之心,推而与百姓同之,则何瑾之有!君不推此,而苟营内好私,使财货偏有所聚,菽粟币帛腐于园府,德不遍加于百姓,公心不周乎万国,则桀纣之所以亡也。夫士民之所以叛,由偏之也,君如察臣婴之言,推君之盛德,公布之于天下,则汤武可为也。一瑾何足恤哉!"

另一方面,对那些残暴无道的统治者,先秦儒家的态度也是非常鲜明的,那就是"革命",只有"革命"才是对民众百姓最大的公正。《易经》里有"天地革而四时成,汤武革命,顺乎天而应乎人"(《周易·革卦·象传》)①。孟子认为"天子不仁,不保四海,诸侯不仁,不保社稷"(《孟子·离娄上》)②,"诸侯危社稷则变置"(《孟子·尽心下》)③。齐宣王问"汤放桀,武王伐纣"之事于孟子,孟子的回答表现出对无道残暴统治者的痛恨之意:"齐宣王问曰:'汤放桀,武王伐纣,有诸?'孟子对曰:'于传有之。'曰:'臣弑其君,可乎?'曰:'贼仁者谓之贼,贼义者谓之残,残贼之人谓之一夫。闻诛一夫纣矣,未闻弑君也。'"(《孟子·梁惠王下》)④另一个杰出的儒家代表人物荀子也有着同样的观点:"夺,然后义;杀,然后仁;上下易位,然后贞;功参天地,泽被生民:夫是之谓权险之平,汤、武是也。"(《荀子·臣道》)⑤

先秦儒家把社会公正的实现寄托在为政者公平公正的执政理念和执政之德上,认为只有这样社会才能在良好的秩序下实现稳定而和谐,国

---

① 黄寿祺,张善文,译注. 周易译注(下)[M]. 上海:上海古籍出版社,2007:286.
② 杨伯峻译注. 孟子译注[M]. 北京:中华书局,2005:166.
③ 杨伯峻译注. 孟子译注[M]. 北京:中华书局,2005:328.
④ 杨伯峻译注. 孟子译注[M]. 北京:中华书局,2005:42.
⑤ 梁启雄. 荀子简释[M]. 北京:中华书局,1983:182.

家才能实现"邦有道"。除此之外,先秦儒家的公正思想还体现于法律、官员选拔、教育、社会分配等多个方面。在礼、法上儒家提出了平等的要求,主张"礼不下庶人,刑不上大夫"(《礼记·曲礼》,不因为庶民地位低贱就不以礼相待,不因为大夫们有很高的社会地位就不以刑法加之于身,"上"和"下"均作动词用),这是法律平等的主张。从《孟子》里可以看到孟子对法律公正所持有的态度:"桃应问曰:'舜为天子,皋陶为士,瞽瞍杀人,则如之何?'孟子曰:'执之而已矣。''然则舜不禁与?'曰:'夫舜恶得而禁之?夫有所受之也。''然则舜如之何?'曰:'舜视弃天下犹弃敝蹝也。窃负而逃,遵海滨而处,终身䜣然,乐而忘天下。'"(《孟子·尽心上》)[①] 一方面孟子认为并不能因为瞽瞍是舜的父亲就可以徇私枉法,另一方面他也表达出"民为贵,社稷次之,君为轻"的观点,舜因为自己的父亲犯了罪而有损于天下人的利益,那天子只好不做。关于官员选拔的问题,无论古今中外官员和社会公职的任命都是国家管理的一件大事。罗尔斯的正义理论就把它作为正义原则的重要内容:"公职和职位应该在公平的机会平等条件下对所有人开放。"先秦儒家很早就注意到了这个问题,在"选贤与能"的问题上主张坚持公正、公平的原则。到春秋时期,自西周以来实行的世官制显示出越来越多的弊端,争霸的各国都在反思自己的人才政策。鲁哀公曾就人才选拔问题请教于孔子,孔子认为"举直错诸枉,则民服,举枉错诸直,则民不服"[②]。孟子也曾说,"贵德而尊士,贤者在位,能者在职,国家闲暇,及是时,明其政刑,虽大国必畏之矣","尊贤使能,俊杰在位,则天下之士皆悦,而愿立于其朝矣"(《孟子·

---

① 杨伯峻译注. 孟子译注 [M]. 北京:中华书局,2005:317.
② 杨伯峻译注. 论语译注 [M]. 北京:中华书局,2009:19.

公孙丑上》)①。而荀子在选贤举能方面和孟子的观点几乎是一致的。儒家在教育方面的公平主张最为著名的当是孔子的"有教无类"思想。"有教无类"的思想主张机会均等的教育观,打破了贵族在教育方面的垄断,使教育活动扩展到民间。另外,孔子还有"因材施教"的教育发展平等观等教育公平思想。先秦儒家的孔孟论公正、公平一般都是从伦理道德的角度去谈,因为他们很少言利,但通过他们的言论,我们仍可以看出,在经济上、义利关系上,其主张是"各得其所""各安其分""不患寡而患不均"。儒家的社会公正观在荀子那里表现得最为明晰,荀子提出"明分使群"的思想:"离居不相待则穷,群而无分则争。穷者患也,争者祸也,救患除祸,则莫若明分使群矣。"(《荀子·富国》)② 明确职位、等级、人伦关系,形成分明的社会秩序。"明分"的准则就是义礼:"分何以能行?曰:义。"(《荀子·王制》)③ "义"当然包含公平、正义的原则基础。荀子更进一步地提出,礼是最大的"分","辨莫大于分,分莫大于礼"(《荀子·非相》)④。荀子认为在社会上要解决"欲恶同物,欲多而物寡"的矛盾,而达到"养人之欲,给人以求"的目的,就必然"制礼义以分之",按贵贱等差以分配物质生活资料。在分配的规则上,先秦儒家主张"不患寡而患不均",即便是在物质利益匮乏的情况下也要讲究公平公正的优先性。荀子认为人的贫富贵贱不是一成不变,是可以通过"学"加以改变的,"我欲贱而贵,愚而智,贫而富,可乎?曰:其唯学乎。彼学者,行之,曰士也;敦慕焉,君子也;知之,圣人也。上为圣人,下为士、君子,孰禁我

---

① 杨伯峻译注. 孟子译注 [M]. 北京:中华书局,2005:77.
② 梁启雄. 荀子简释 [M]. 北京:中华书局,1983:119.
③ 梁启雄. 荀子简释 [M]. 北京:中华书局,1983:109.
④ 梁启雄. 荀子简释 [M]. 北京:中华书局,1983:52.

哉!"①(《荀子·儒效》)他认为这种由贱到贵、由愚到智、由贫到富的改变,正是通过对礼义的把握而产生的公正性作用。简言之,荀子的"明分使群",实质上是以礼义为原则实施的社会分配公正。

上述内容是围绕周辅成对公正问题的基本认识,结合中西方公正思想的起源、先秦儒家公正思想的形成和发展等问题加以阐述的。作为最基本的伦理学问题,公正不仅仅是个伦理道德问题,它更关乎人民的福祉、社会的发展和人类道德的进步,而这一切都与人的发展息息相关。公正是保障人的发展和促进人的解放的基本条件,它要求社会把人当人看,把社会进步的标准定位于人的人格尊严是否得以尊重,以及人的价值是否得以实现。社会的发展、道德的进步不仅需要公正、正义的存在,而且还需要坚持人道主义。正视人性,尊重人权,正是周辅成伦理思想的另一个主要方面——人道主义思想所要表达的思想和理念。

---

① 梁启雄. 荀子简释 [M]. 北京:中华书局,1983:84.

第四章 周辅成的人道主义思想

第一节 周辅成对西方人道主义历程的总结及反思

西方人道主义的思想观念源远流长,从西方哲学史、伦理思想发展史来看,人道主义的发展历史正是人类自我认识、人的地位的确立以及对人的尊严和人格价值的肯定过程。周辅成的社会主义人道主义思想根植于他对人的人格尊严、生命价值的深刻理解,以及对西方人文精神尤其是古希腊人文精神和文艺复兴时期的人道主义思想的深入思考,并汲取了其中的思想精华。

一、汲取古希腊哲学人文精神的思想

在西方哲学史上对人的关注从古希腊时代就开始了,大概是因为哲学关于人的最重要的问题就是"人是什么"了。苏格拉底虽没有提出"人是什么"的问题,但他着实对人的问题有过至为深刻的哲学思考。德尔斐神庙的神谕"认识你自己"给他以启示。"认识你自己"就是认识心灵的内在原则,即是认识"德性",认识人的本性。对于人,"善"

就是"德性",因此他认为,"知识即美德"。柏拉图和亚里士多德则提出了"人是什么"的问题,他们把人看作自然界的一员,试图找到人区别于其他动物的本质差别,其实也就是在追问"人的本质是什么"的问题。柏拉图的答案是"人是有德行的城邦动物",而亚里士多德也有类似的回答,"人是城邦内生活的动物,人是理性的动物"等。"人是……动物"的句式显然是在表明一种自然主义观念,人是自然界里的动物,但它却是在探究"人性是什么"的问题。在力图找出人与动物的本质区别时,他们发现了人的"有限"性,即无论如何也不能摆脱的自然规律——死亡,于是就产生了"人的本质"在于"灵魂不朽"的观念。(柏拉图的)苏格拉底面临死亡毫无畏惧,在饮下毒酒之前所谈论的正是灵魂不朽的问题。"真正的追求哲学,无非是学习死,学习处于死的状态"[①]。在(柏拉图的)苏格拉底看来,死亡只不过是灵魂和肉体的分离,人活着的意义就是"练习死亡",即在于人的灵魂和肉体的结合物存在时,人要尽力使灵魂摆脱肉体欲望的污染,人只有在灵魂纯洁的状态下才有可能认识真理。这些对人生的哲学思索正是古希腊人道主义的表现,周辅成曾经告诫他的学生说,"读哲学第一步就是读懂苏格拉底,因为他是哲学家们的哲学家"。这种至高的推崇表明了周辅成对古希腊人道主义思想的赞赏。

古希腊哲学家对人性的探索并没有就此止步,柏拉图灵魂和肉体的二元论不仅为人们找到了灵魂不朽的人生意义,还把古希腊哲学建立在了理性之上。柏拉图在《理想国》里把灵魂分为三部分:理性、欲望和激情。"一个是人们用以思考推理的,可以称之为灵魂的理性部分;另一个是人们用以感觉爱、饿、渴等物欲之骚动的,可以称之为心灵的

---

① [古希腊] 柏拉图. 柏拉图全集(第一卷)[M]. 王晓朝,译. 北京:人民出版社,2002:60.

无理性部分或欲望部分，亦即种种满足和快乐的伙伴……再说激情，亦即我们借以发怒的那个东西。它是上述两者之外的第三种东西。"[1] "可以说，柏拉图在回答'人是什么'这一问题时，不仅为人找到了不朽，即灵魂的不朽，认识的不朽，理性的不朽，而且把理性置于灵魂的最高位置。因此，对于'人是什么'这一问题的回答，最终以崇尚理性而告终。这是希腊哲学留给世界最丰厚的遗产之一。"[2] 周辅成从古希腊的先哲们对人道主义的哲学探索中汲取了丰富的营养。

二、对文艺复兴时期的人道主义的精神吸收

对周辅成的人道主义思想影响最大的还是西方文艺复兴运动和西方近代哲学家、思想家的人性论。他把西方近代社会人性论和人道主义的历史划分为三个阶段，第一阶段就是文艺复兴时期，它是人性论和人道主义发展史上至为重要的一个时期（另外两个时期分别是：启蒙时期和19世纪）。这一时期的思想家们首先从反对天主教和基督教所宣扬的神道主义开始，也是在这个时期出现了历史上的人性论、人道主义，从13世纪末到16世纪的文艺复兴运动就是以这种人性论与人道主义作为其理论基础的。

据周辅成考证，"人道主义者"一词早在文艺复兴后期就已流行，而"人道主义"一词则迟至18、19世纪之交时才出现，但是名词的后出现并不妨碍思想的先出现。"这些新思想家们在人性论方面有一重要的见解，即以人兽之分代替封建时代天（上帝）人之分，并用以说明

---

[1] [古希腊]柏拉图.理想国[M].郭斌和,张竹明,译.北京：商务印书馆,1986：165-166.
[2] 杜丽燕.重思西方人道主义的嬗变[J].华东师范大学学报,2014（3）：27.

人性。"[①] "从这种人性论推演出一种人道主义。他们把人的一切实现要求，归结为人的自由与人的幸福的要求，主张任何人，都是以人的自由与幸福为人生目的与行为的指南。"[②] 这些思想家们认为要认识人的价值和尊严，不应该和上帝相比较，而应和禽兽相比，相较于禽兽而言，人是有理性的，人具有理性是经验、事实，真正的人性是理性，上帝的智慧不过是更高的理性。人可以任由自己的意志决定自己的命运，人类正是有这样的决定意志才因此有了尊严。思想家们对良心自由、信仰自由、意志自由等自由领域的各个方面深入开拓，形成了新的自由观念。文艺复兴时期的哲学家、思想家还提出了人的"全面发展"的论点，他们坚持灵肉一致，德智体全面发展的观点。他们还提出人道主义思想的另外一个重要方面——"宽容"的思想。"宽容"最初是要求在教会内要容许人们对《圣经》的不同解释，后来又指在天主教外容忍其他教派或"异端"的存在，最后泛指容忍一切不同的意见，上升到对他人人格和言论自由的尊重和宽容。对于文艺复兴时期所产生的宽容思想，我们不仅仅把它看作那个时期特定的历史观念的产物，而更应该把它看作人类在争取自身解放和全面发展过程中所取得的巨大进步，它使整个人类思想进步的观念得以提升，让我们有理由相信，在任何由专制所产生的压制人性的社会条件下，人民的抗争都具有合理性。

周辅成是经历了"文革"的知识分子，人道主义思想在他们那一代有良知的知识分子中间有着巨大的心理共鸣。周辅成也常读文艺复兴时期的文艺作品，尤为爱读爱拉斯谟（Erasmus，1466—1536）的《愚

[①] 周辅成. 周辅成文集（卷Ⅱ）[M]. 北京：北京大学出版社，2011：54.
[②] 周辅成. 周辅成文集（卷Ⅱ）[M]. 北京：北京大学出版社，2011：55.

人颂》和拉·波哀西的《自愿奴役论》。在《愚人颂》一书中，爱拉斯谟巧借愚妇疯癫的话语，指出那些伪君子道貌岸然地只为自己的快乐而反对别人的快乐，痛斥昏庸的王者是"可怕的扫帚星"；他还假借愚妇之口赞美"无知"，嘲笑那些自以为是的极端分子"本来自己是头驴，却以为自己是雄狮"。周辅成认为在文艺复兴时代的思想家里面爱拉斯谟非常接近苏格拉底。拉·波哀西的《自愿奴役论》一开篇就提出了深刻的质疑："我只想弄清楚，怎么可能有这么多人，这么多的乡村，这么多的城市，这么多的民族常常容忍暴君骑在自己的头上。如果他们不给这个暴君权力，他原不会有任何权力。"[①] 在拉·波哀西看来，要摆脱这种受奴役的状态甚至不需要战而胜之，只要国人都不愿受奴役，自然不战而胜。正是这些人道主义精神所具有的感召力量，使周辅成的伦理思想常常流露出强烈的爱憎分明的情感，它对人民充满同情和热爱，同时对那些不讲人道、毫无公正的社会现象又无比憎恨。

文艺复兴时期所产生的人道主义思想虽然具有很多历史局限性，比如，这些思想家们的思想在对待普通民众的态度上有所疏远，他们所提倡的人的幸福、自由和宽容完全建立在不完善的个人主义的要求之上等，但是从人的发展和解放的角度看，产生于这一时期的人道主义和人性论无疑是人类思想史上的巨大进步，对世界文明都产生了积极的影响和推动作用。

---

① 赵越胜. 燃灯者——周辅成先生纪念文集［M］. 长沙：湖南文艺出版社，2011：43-44.

第二节 周辅成对先秦儒家思想人文精神的再认识

一、先秦儒家伦理思想也是一种人道主义

如前所述，人道主义是源自古希腊哲学思想，产生于欧洲文艺复兴时期的思想体系，后来法国革命时期的思想家、哲学家们又把它的精神内涵具体化为自由、平等、博爱的思想。然而，当我们从中西对比的角度反观中国伦理思想的时候，就会发现先秦的儒家伦理思想其实也是一种人道主义。古希腊哲学对人的存在意义所做的思考和探索，归根结底是对人道主义的基本问题——人是什么、人应该怎样的追问，从这个层面上来看，先秦儒家伦理思想同样是一种人道主义。

我们首先讨论一下针对"人道主义"这个名词的翻译和理解问题。周辅成对英文 Humanism 一词翻译问题的观点是，把它通译为"人道主义"。有关这个问题的争议实质上牵涉到对西方文艺复兴时期时代精神的把握。主张把这个词译为"人文主义"的人，只注意到当时文化教育界推行古希腊罗马的古文教育是没有上帝只有人的古典文化的复兴，把文艺复兴的意义与范围限定在只注重人文科学的教育方面，而没有注意到这一时期前后几百年间整个欧洲的社会与思想界的大变化。也就是说，他们没有从时代精神的角度来估价这一新思潮。如果把"人文主义"的"文"理解为孔子所言"天之未丧斯文也"的"文"，而含有"道德""文化"的意思的话，那么把这个词译作"人文主义"也未尝不可。但是，使用"人道"，一方面是通俗易懂，更重要的是它和中国古代郑国子产所说的"天道远、人道迩"中的"人道"很相近，既有与"天道"对立的含义，又含有"人本""人情"的意义。至于费尔巴哈（Ludwig Andreas Feuerbach，1804—1872）和康德使用过的Anthropologism一词，更是饱含人道主义的意蕴，因为康德所主张的"人应该被看作是目的，而不应该被看作仅仅是手段"，早已经被大家认为是一切人道主义的根本命题或基础。由此可见，周辅成对"人道主义"的界定，一方面注重其人文精神的时代内涵，另一方面也考虑它与"天道"相对立的意义。如果说人文精神的时代内涵反映的是从文艺复兴时期甚至之前就已经开始出现的西方人对人自我意识的唤醒的话，那么与"天道"相对立的意义就在于，中国古人对"人"的地位的确立以及对人性的宣扬（天道即人道的思想更是加强了这一观念）。关于"人道主义"，他曾经这样概括："历史上一切以人为本的思潮，都可解释为人道主义思潮。"按照这样的说法，儒家思想特别是先秦儒家伦理思想理所当然的也是一种人道主义思想。

再看先秦儒家伦理思想所体现的人道主义价值观念。由于先秦儒家思想具有"天人相通"的天人观和以"生生之德"为基础的生命观，因此，原始儒家思想所表现出的人道主义思想，既包含对"人道"的广义理解，又包含对"人道"的狭义理解。从广义的角度上看，原始的儒家把人的生命发展看作是宇宙生命的展开，人为万物之灵长，是宇宙生命的主体。原始儒家的政治理想是"大道之行"的"大同"社会，显然他们把"人道"作为社会治理的最高原则。在儒家，"人道"即是"天道"，讲"人道"就是遵守"天道"，以实现对人的价值的颂扬和尊崇。在狭义的角度上，先秦儒家确立了以"仁"为目标的道德修为立场，经过"修己以敬，修己以安人，修己以安百姓"，并把它与"平天下"相贯通，完成一个人从君子到圣人的人格过渡。至于儒家的礼义，一方面是人对"异化"的克服，另一方面也是"必然"之下的

"自由",因为儒家这一思想主张是面向所有人的,而非仅局限于部分的统治者或者被统治者。周辅成在考察儒家的"礼"时指出,孔子虽然把神放在可疑的或者象征性的位置,但是他却把礼义原则和正义原则放在确切、可靠的地位。孔子所言的"文",在一些场合下是作为与"质"的区别,但更多的是指留存于社会中的绝对不变的社会法则或规律。"孔子认为世间一切相对的礼义,其所以有价值,能存在,也必倚靠这一个有永久性,绝对性的原则,所以孔子在看见相对道德不能发挥作用的时候,只好诉诸绝对道德",在这里,孔子"完全是从人的生命或生活悟出这道理的,是从人类延续不断的生命看到人的永恒性,和正义原则的绝对性",[1] 这种绝对性,仍然是以人的本身价值为出发点的。当然,在孔子那里没有人的"自由而全面发展"的观念,但他所言的"礼""道""斯文"等,无不围绕着"使人成为人"的意义而展开。孔子之后的孟、荀二人,尽管在人性善恶的本源上有相反的认识,但他们殊途同归地把自己的思想导向人性的善良和人格的完善。因而,从人道基本内涵的角度分析,我们认为先秦的儒家伦理思想是一种人道主义。

有人认为,儒家思想并不是人道主义理论。理由是:"孔子儒家关于人的思想的重心和基本内容都是讲人应该怎样依照礼义道德规范去做才能成为人。人的价值与礼义道德规范相比,礼义道德规范是凌驾于人之上的,礼仪道德规范高于人的价值。所以孔子儒家关于人的思想在性质上不能说是一种人道主义理论。"这种说法从根本上颠倒了儒家思想的目的性与工具性之间的关系。儒家思想首先是确立了人的价值,即用"人道即天道"肯定它的正当性和崇高性,然后再用礼仪道德去规范人

---

[1] 周辅成. 周辅成文集(卷Ⅱ)[M]. 北京:北京大学出版社,2011:222-223.

的行为和思想，以实现对人的价值的尊崇和维护。认为儒家思想不是人道主义的人只看到礼义道德规范的约束性，而没有看到这种约束性背后的真正基础和目的。当然，儒家伦理思想所表现出来的人道主义与西方以个人权利、个人自由、个性解放为出发点的人道主义不同，它所追求的是整体的人的一种广大和谐的生命力量以及善的生存状态。中国哲学是"和"的哲学，"和"是最终表现状态，但是"和"的哲学并不是不讲矛盾性和对立性，礼义道德规范就是矛盾性，它最终所要实现的是"仁"的和谐状态。这正是"和而不同"的具体表现，也是儒家思想的人道主义展现方式。

儒家伦理思想是关于人生哲学的人道主义。周辅成认为，无论在西方还是在中国，人或人性的问题都不是一个新问题。在中国，早在孔子之前的郑国子产就说过"天道远，人道迩"①（《左传》昭公十八年）。重"人道"就是注重"人之所以为人"的根本性问题，因此，他认为这就是中国最早的"人论"或"人道论"。他对从二十世纪八十年代以来在中国兴起的人学（人论）的主旨进行概括："新的人论，人学，是为'人'争人格独立、人的尊严与自由的理论；也是想要为人作一综合的、完整的探讨的壮举，要让人明白'人'是我们思想中最根本的问题。"② 先秦儒家伦理思想本质上就是关于上述人学主旨的人生哲学，不仅如此，它也蕴含有西方人本主义所阐扬的部分人本价值。现代西方人本主义是在黑格尔之后产生的。以唯心主义辩证法而闻名的黑格尔哲学解体之后，与其纯理性主义相对立的思想，经过叔本华、克尔凯郭尔、尼采作为开端，以人的非理性领域作为人的本质，在20世纪形成人本主义的浪潮，人生哲学就是其中一股思潮。20世纪二三十年代，

---

① [清] 阮元，校勘. 十三经注疏 [M]. 上海：上海古籍出版社，1997：2085.
② 周辅成. 周辅成文集（卷Ⅱ）[M]. 北京：北京大学出版社，2011：370.

西方的人论如尼采的超人哲学、奥伊肯的生命哲学传到国内并产生了广泛的影响，国内很多哲学家也都研究人生哲学。冯友兰在1926年出版的《人生哲学》就把哲学分为三部分：宇宙论、人生论、知识论。他认为"人生哲学即哲学中这人生论"。周辅成在40年代初出版的《哲学大纲》把哲学的主要问题分为认识论、宇宙论、价值论来讲的，其中的价值论主要就是从价值角度去谈人生哲学的。他说，"价值问题就是人生理想问题，又称之为人生观的问题，价值观就是人生观"。在道德的价值一节，特别强调了中国人的道德观与西方人道德观的差异之处，从人性论角度分析了中国传统文化尤其是儒家思想里"心性"与道德的关系。由以上概述可知，无论从西方人学研究的方向和内容来看，还是根据哲学家对哲学的划分，儒家伦理思想所涵盖最多最广的内容就是以人为本的人生哲学和人的价值论。

综上所述，儒家伦理思想特别是先秦儒家伦理思想无疑也是一种人道主义思想。

二、先秦儒家人道主义的特质

儒家伦理思想是儒家思想的重要组成部分，它除了具有一般意义上的人道主义性质之外，这一古老而优秀的中国思想同时也具有自己鲜明而独特的人道主义特质。在中华文明特有的文化背景下，沉浸于深厚的文化积淀中，儒家人道主义有别于西方文化背景下所产生的人道主义的特质主要表现为两个方面，一是先秦儒家哲学思想所歌颂的存在于宇宙生命本身的"生生之德"，一是儒家思想所展现的"身心和谐"的生命哲学。西方人道主义强调人的地位和尊严的确立，通过对神权、专制的反抗以争取人的自由权利，冲破各种束缚的争取过程是在社会变革中实现的。与之相对比，儒家伦理思想则是更多地通过自我超越的路径来展示人道主义的精神力量。一方面，儒家思想面向宇宙生命本身的源泉和力量，力图找到"天行健"而人"本来"（而不是"应该"）就"自强不息"的实然原因，以天人合一的态度，确立人在宇宙中的地位和尊严；另一方面，儒家伦理思想还面向人自身的身心发展，经由人的身心统一与和谐的精神境界彰显人的地位和尊严，并以乐观的态度看待生命存在的过程。

（一）对宇宙生命力量"生生之德"的弘扬

事实上在周辅成之前，"新儒学八大家"之一的方东美就把先秦儒家思想作为一种"生命哲学"来研究，这也是方东美作为现代新儒家与众不同之处。在牟宗三所说的儒学第三期即现代新儒学时期，新儒学的重点是从儒学的内在目的性开出"新外王"（科学和民主），其基本框架是"内圣而开出新外王"，但是，具体到众多的现代新儒家，每个人的思路方法是不一样的。从他们着眼的内容上看，基本上是对宋明理学的再阐释和再发展。如冯友兰的"新理学"、贺麟的"新心学"等，梁漱溟、熊十力、牟宗三等也都将思想的源头追溯至宋明儒学。然而，方东美的思想方法比较具有特殊性，他对儒家传统的诠释不同于其他现代新儒家，对汉儒和宋明儒学都持贬抑的态度，而对先秦原始儒家推崇备至。他认为宋明儒学不注重先秦原始儒家经典的探究，是对原始儒学宗旨的背离。因此，他着力于对原始儒家经典和其宗旨的阐发，将柏格森、怀特海的生命哲学与《周易》的"生生"哲学相融合，通过好生命本体论的阐释创立了以"生生之德"为意旨的人生境界理论和生命哲学。在这里，之所以论及方东美的生命哲学，是因为周辅成对儒家伦理思想的认识与方先生的生命哲学以及对先秦儒家思想的态度颇有相似之处：即都认为相对于汉儒和宋明儒学，先秦儒家思想更多地表现出儒家真正的思想精神。他们也都非常重视对先秦儒家思想的发掘,并认为先秦儒家思想就是"生命哲学",这一"生命哲学"对生命本身的珍视和赞美是儒家人道主义、人性论的思想开端。

方东美构建其"生命哲学"的基本观念是他所理解的"普遍生命"。"宇宙不是沉滞的物质,人生亦非惑乱的勾当。宇宙与人生都是'创进'的历程,同有拓展的生命。"[①] 他如是论释"普遍生命"一语:"生命包容一切万类,并与大道交感相通、生命通过变通化裁而得完成,若'原其始',则知其根植于无穷的动能源头,进而发展为无穷的'创进'历程,若'要其终',则知在止于至善。从'体'来看,生命是一个普遍流行的大化本体,弥漫于空间,其创造力刚劲无比,足以突破任何空间限制;若从'用'来看,则其大用在时间之流中,更是驰骤拓展,运转无穷,它在奔进中是动态的,刚性的,在本体则是静态的,柔性的。"[②] 他把这种"体用不二""刚柔一体"的"普遍生命"作为宇宙本体,视为生命力的源头。其基本属性就是《周易》所表达的"生生之德"。"要其终"在"止于至善",也即是说一切善的源头来自生命的本身。生命包容一切万类,人又为万物之灵,这便是把人的生命价值推上了至高的地位。方东美对"生命哲学"的论释、对人生价值的追寻和对中国传统哲学的赞美,皆以"普遍生命"的基本观念为基础。

周辅成在他的《哲学大纲》里表达了相似的看法。他把古代中国人宇宙观中对生命认识的这一特点称之为"唯性主义",是名副其实的"唯生论"。中国人看世界是将宇宙统而观之,以人上升到"天人合一"

[①] 方克立,李锦全,主编. 现代新儒家学案(下卷)[M]. 北京:中国社会科学出版社,1995:968-969.
[②] 方东美. 方东美文集[M]. 武汉:武汉大学出版社,2013:8.

的境界，而后统观宇宙万物。在古代中国人看来，天性与人性是一贯的，天道与人道也是一贯的。中国人将宇宙中任何一物，均视为生生不息的生命的一部分。作为"六经之首"的《周易》最能体现这一生命精神。在《易传》里乾、坤二卦被看作《周易》的门户，是万物化生的根本。《周易·系辞传上》在描述乾、坤两卦的卦德时说："夫乾，其静也专，其动也直，是以大生焉；夫坤，其静也翕，其动也辟，是以广生焉。"①"是故易有太极，是生两仪，两仪生四象，四象生八卦"就是生命展开的过程。《周易》在乾、坤两卦之后的第一卦，也就是屯卦，《说文·屮部》："屯，难也。象屮木之初生，屯然而难。从屮贯一，一，地也。"意象是草木初生时艰难地从土地里长出的情景。屯卦要解决的问题就是幼小的初生之物怎样以强大的生命力去克服困难以利于自身生长、实现生命的展开。这里《周易》所体现的精神就是生命的哲学。周辅成说不仅仅是原始儒家的思想里面有重"生"的思想，道家对生命的理解也非常重视"生"，老子的"道生一，一生二，二生三，三生万物"，庄子的"气变而有形，形变则有生"，但是儒家思想里把"生"视为"性"，把对生命的理解阐述得最为精致。他用程颢的话作为总结："天地之大德曰生，天地絪缊，万物化生，生之谓性，万物之策，意最可观。"与方东美先生相比较，周辅成则更多地从"性"与"生"的相通性来考察生命的"生生"之源。虽然针对"性"的内在意涵，不同儒家的理解也不尽相同，但它与今天所言的"人性"不无关系，儒家的生命哲学用中国人对天人关系的独特认识来解释生命，也是重视生命、强调人的价值的独特的人性论。

如果说西方对人的价值确立是一个以神为中心走向以人为中心的过

---

① 黄寿祺，张善文，译注. 周易译注（下卷）[M]. 上海：上海古籍出版社，2007：383.

程，那么周辅成对先秦儒家伦理思想的认识则说明中国人从一开始就是把生命（主要是人的生命）纳入哲学的思考范围，这是世界上最古老的人性论之一，中国人的"生之谓性"要比西方哲学里单纯的唯心论、唯物论丰富圆满得多。方东美先生的"生命哲学"是柏格森哲学的"创化"观念、怀特海哲学的"创进"观念与儒家《周易》的"生生"观念相融合的哲学体系。周辅成并没有像方东美那样建立一个儒家"生命哲学"的体系，而更多地通过对经典的诠释和解读来说明他对儒家这一思想的理解。他认为儒家将宇宙一切都化为一个"生生"的过程，这一过程正如《乐记》所说"着不息者天也，着不动者地也"、《易乾凿度》上所谓"天地含情，万物化生"一般。两位哲学家对儒家生命哲学的认识可谓异曲而同工。

  周辅成的儒家伦理思想和方东美的"生命哲学"还有一个相通之处，就是都重视用文学和艺术来赞美"生命情调与美感"、来讴歌"广大和谐的生命精神"。关于音乐艺术之于宇宙生命精神的作用，方东美先生有十分精彩的论述："生命之创进，其营育成化，前后交奏，其进退得丧，更迭相酬，其动静辟翕，辗转比合，其蕤痿盛衰，错综互变，皆有周期，协然中律，正若循环，穷则返本。据生命之进程以言时间，则其纪序妙肖音律，深合符节矣。是故善言天施地化及从事之纪者，必取象乎律吕。"[①] 奔腾不息的生命之流来自宇宙生命的脉动，人性的伟大、生命的崇高由艺术家以"天人合一"的体悟借以各种艺术形式表达出来。他说："有关中国艺术的人文精神，诚如 Leonardo da Vinci 与 Rubens 所说，人作为创造主体，既是'生命创造的中心，足以臻入壮美意境'，也能绵延奔进，'直指天地之心'。所以从个体来看，艺术家

---

① 方东美. 方东美文集 [M]. 武汉：武汉大学出版社，2013：417.

一直在追求壮美,从宇宙来看,则其内心深感与宇宙生命脉动相连,所以合而言之,他才能酣然饱餐生命的喜乐,怡然体悟万物与我合一,盎然与自然生机同流,进而奋然振作人心,迈向壮美,凡此种种,正是中国艺术绵延不尽之大用!"①周辅成则是从中西对比的角度强调中国艺术对宇宙人生之大美的赞颂。他从美学的角度分析了西方两个主要流派,即"心理主义"和"论理主义"的方法和风格之后指出,尽管这两个派别对标准问题、艺术与道德等问题持相反的态度,但是它们的艺术理想从根本上来讲都是依据相同的宇宙观而来。由于它们的宇宙观是天人相隔的,其艺术理想也都是从现象的形式入手,"我"与"物"是对峙的、独立的,心与境之间总是有分裂的痕迹;而中国艺术则全然相异,其根本原因是中国人所追求的美之标准与根据直入宇宙之心而反观世界的一切现象物。所以他说,"我们的艺术理想乃是与天地精神,浩然同流,美不在有限与无限相交接之一点,而乃在万物交流周遍创化之际,因此中国人之艺术美,不由于以人窥天,而乃以天窥万物"。②由于中国哲学主流观念是天人合一,中国艺术无处不表现宇宙生命的洪流。中国艺术对万物的歌颂就是对人本身、生命本身的歌颂。

儒家思想的人道主义精神对人生命价值的肯定和尊重是同艺术融为一体的。与其说艺术的各种表现形式是对宇宙生命的讴歌与赞美,毋宁说正是发自这"天地之心"的生命洪流造就了各种艺术。人在"与天地参"的过程中,与宇宙生命融为一体,感悟生命的美感和快乐,并把这体悟以各种形式展现出哲学精神和诗情画意。儒家伦理思想的人道主义性质特征之一就是:至善的源头存在于宇宙生命本身。不仅如此,世界真善美的源头都在其中。歌颂"宇宙生命"的各种艺术是真善美

---

① 方东美. 方东美文集 [M]. 武汉:武汉大学出版社,2013:444.
② 周辅成. 周辅成文集(卷Ⅰ)[M]. 北京:北京大学出版社,2011:280.

的统一，歌颂宇宙生命也就是在讴歌伟大的人性。"天命之谓性"是儒家天人相合的概括。周辅成在《唐君毅的新理想主义哲学》中写道："从历史来源而言，中国古代'天命之谓性'，本来就是自然之合或者和而言，所以古代哲学家能见到'生生不已'之全，看到'天行健'的洋洋大观。"[1] 被誉为"大道之源，群经之首"的《易经》自不必说，《尚书·舜典》里便有："诗言志，歌永言，声依永，律和声。八音克谐，无相夺伦，神人以和。"[2] 的精彩论述。我们从文学气息浓厚的《诗经》所描绘的世俗民风里，也能深深感受到先民对淳朴生命的赞颂。先秦《击壤歌》："日出而作，日入而息。凿井而饮，耕田而食，帝力于我何有哉？"更是表现出生命与自然相融的旷达。除了历代文人墨客以"诗言志"，哲学家们也往往借诗来表达对天人关系的哲学思考，王阳明读《易经》写下了这样的诗句："俯仰天地间，触目俱浩浩。箪瓢有余乐，此意良匪矫。幽哉阳明麓，可以忘吾老。"王阳明的诗道出了天、地、人圆融无碍又和谐快乐的生命哲思。正如周辅成在《哲学大纲》里所说，"中国人艺术原是自圆自得，无求于外的，而中国人之道德的根源，乃即寄于此种自圆自得的艺术观念，所以我们观察出的宇宙，就成了至美与至善同在之所了"[3]。

（二）对身心和谐而愉悦的生命状态的追求

在儒家经典里，"身"的含义很多，它有躯体、生命、自身、身份、地位等意涵。郭店楚简中的《五行》篇，把"仁"字写作"上身下心"的形式，这说明身心和谐而统一是儒家对仁的最好诠释。我们

---

[1] 周辅成. 周辅成文集（卷Ⅱ）[M]. 北京：北京大学出版社，2011：313.
[2] ［清］阮元，校勘. 十三经注疏 [M]. 上海：上海古籍出版社，1997：131.
[3] 周辅成. 周辅成文集（卷Ⅰ）[M]. 北京：北京大学出版社，2011：257.

不能把这个"身"简单理解为躯体、肉体。一方面它是一个以肉身、躯体为载体的生命过程,另一方面它又是借以显示人格尊严及人的价值所依托的精神境界和道德层次;而"心"则是人追求向善的思想、感情、认识。身心和谐统一是"智、仁、勇"的和谐发展,无所偏废。它所达成的境界是"不惑""不忧""不惧"的生命状态。"心"的精神活动必须借"身"的实践活动表达生命存在,同时,"心"也是"身"的主宰。身心本是一体,须臾不可分离。孔子说:"志于道,据于德,依于仁,游于艺。"(《论语·述而》)① 就是讲身心和谐发展的具体实践方法。"天行健,君子以自强不息""心物不二",所以"心"的发动从开始就有道德的含义,以至于修身养性的过程不仅是安身立命的过程,也是"身""心"合一的道德实践过程。

在儒家伦理思想中并不把身心和谐统一的道德实践过程看作痛苦而无奈的被动接受过程,而是把它视为一种"乐"的哲学。这种乐观向善的心性修养,依然源自对宇宙生命的愉悦感。它不仅是对天、地、人宇宙大观的无比惊喜,也是儒家修己安人、施仁循礼、追求至善的基调,所以,儒家思想所表现出来的人道主义是显现快乐人生的人道主义。在儒家看来,人既与天地相"和",那么在本质上人的生命便除却了悲哀的成分。古代中国人的观念里没有太多的悲剧意识,由于有"顺天应命"这样的观念,即使像对待人的生死这样的大事,也不大可能出现像古希腊埃斯库罗斯和文艺复兴时期莎士比亚悲剧所表现出那种凄绝悲情(其实不仅仅是儒家,道家也从另外一个意义上乐观对待生死之大事甚至"鼓盆而歌")。《乐记》里说"乐者,天地之和也;礼者,天地之序也。和,故百物皆化;序,故群物皆别","乐"就是用

---

① 杨伯峻译注. 论语译注[M]. 北京:中华书局,2009:66.

来表现天、地、人之间的和谐的，有了和谐，万物才能生长和化育，因而先秦的儒家把"乐"看作是一种人生的存在状态。《论语·述而》载："子曰：'饭疏食，饮水，曲肱而枕之，乐亦在其中矣'。"① 孔子还这样评价自己："其为人也，发愤忘食，乐以忘忧，不知老之将至云尔。"②《论语·雍也》记有孔子对弟子颜回的称赞："贤哉，回也！一箪食，一瓢饮，在陋巷。人不堪其忧，回也不改其乐。贤哉，回也！"③这就是广为人知的孔颜乐处。宋代周敦颐曾指点受学于己的程颢、程颐"寻孔颜乐处，所乐何事"，二程之学由此而发源。儒家所乐，是超越物欲、顺应天地造化而内心自足的快乐。据学者统计，"乐"字在《论语》里共出现46次④，除去作为"音乐"意的22次外，作为"快乐"意的有15次，而作为"嗜好"意的9次，也跟快乐相关，比如"智者乐水，仁者乐山"。其实《论语》这一儒家经典的开篇就是讲三件令人快乐的事情："学""时习""有朋自远方来"。儒家把对"德性之知"的把握、对道德的实践过程以及与他人的交往，都看作是顺应宇宙生命大化流行的快乐，孟子说"万物皆备于我，反身而诚，乐莫大焉"，也就是这样的道理。

儒家生命伦理学是"乐"的哲学，是对大化流行、生命万物的行进历程所具怀的愉悦感，是对生命本身的体悟。与之相比较，无论是古希腊苏格拉底的饮鸩而死，还是罗马帝国十字架上耶稣的流血而亡，抑或是古印度佛陀"人生皆苦"的教诲，莫不含有人类生命的悲剧象征。由此看，对宇宙大道所抱有的乐观态度实在是中国哲学所独有的生命精

---

① 杨伯峻译注. 论语译注 [M]. 北京：中华书局，2009：69.
② 杨伯峻译注. 论语译注 [M]. 北京：中华书局，2009：70.
③ 杨伯峻译注. 论语译注 [M]. 北京：中华书局，2009：58.
④ 杨伯峻译注. 论语译注 [M]. 北京：中华书局，2009：295.

神，也是儒家伦理思想所具有的人道主义特性。

第三节　周辅成对人道主义几个基本问题的看法

一、人道主义之于人的发展有何重要性

什么是人道？最简单最朴素的理解，就是关于人之为人的道理，或许对这个基本问题的思考正是哲学产生的动力。康德对于哲学的思考提出哲学要解决的四大问题："1，我能知道什么？2，我应该做什么？3，我可以希望什么？4，人是什么？"① 国际人道主义学会 Luik 先生解释："康德提出纯粹哲学的四个问题，第一个问题是形而上学问题，第二个问题是道德问题，第三个问题是宗教问题，第四个问题是人类学问题。最终所有的问题都要归结为第四个问题。"② 人类学的问题就是解决人之为人的本质问题，也就是人性是什么的问题。

人道主义和人性论之间的关系是什么？周辅成认为人道主义理论的形而上学基础就是人性论。他说："人性论，往往是中外历代学者的社会历史观点的根本原则，也是他们的世界观的一部分。他们解释人类生活的历史和社会现象，总是以人性作为最后的依据，把人性看成是社会发展的最后决定力量（历代思想家们对人性的说法并不一样，有的人说是利己的，有的人说是天赋有善良同情之心的，又有的人说是既有自利之心，也有利他之心的。但不管说法有何不同，有一点是共通的，就是在他们看来，只要把人性认识清楚，一切社会、历史现象和人生遭遇

---

① ［德］康德. 康德书信百封［M］. 李秋零，编译. 上海：上海人民出版社，1992：200.
② 杜丽燕. 重思西方人道主义的嬗变［J］. 华东师范大学学报，2014（3）：24.

上的问题，都可迎刃而解）。"① "人性论与人道主义的关系非常密切。人性论与人道主义内容虽不尽一致，但是，所有的人道主义者，总归是站在某一种人性论观点上，这一点却是共同的［有些人性论者，如早期（指从文艺复兴到十九世纪这段时间早期）的马克维里，孟德威尔、拉洛席福科，后来的尼采等，他们从人性论推演出的恰恰是反人道主义的主张，这是例外］。换言之，人道主义总是以一种人性论为理论基础。"②

周辅成曾经指出，"不注重主体、人格的价值，是无法讲社会公正、社会道德的。要使人脱离奴役状态，这是最根本条件，也是应该走的第一步"。从西方文艺复兴到启蒙运动以来，人道主义的发展过程是人类彰显自我价值和自我发展、自我完善、自我超越、自我实现的过程。人们在总结人道概念的时候，把作为人道主义道德原则的人道，做了比较合理的广义和狭义的区分。就其广义来说，人道是基于人是最高价值的博爱行为，把人本身作为最高价值来处理人与人之间的关系；狭义的人道是把人本身的完善看作为最高价值从而使人达成自我实现。简单地说，广义的人道就是"把人当人看"，狭义的人道就是"使人成为人"。③ 相比较两个层次的人道主义，广义的人道就是人本身是最高价值，是外在的、初级的真理，而狭义的人道就是人本身的自我实现是最高价值，是内在的、高级的真理。事实上，"历代人道主义思想家努力追求的，并不是每个人如何善待他人的道德问题，而是要实现一种理想的社会，一种人道的社会，一种将人当人看，和使人成为人的社会"④，

---

① 周辅成. 周辅成文集（卷Ⅱ）[M]. 北京：北京大学出版社，2011：52.
② 周辅成. 周辅成文集（卷Ⅱ）[M]. 北京：北京大学出版社，2011：52.
③ 王海明. 人道新探[J]. 玉溪师范学院学报，2007（2）.
④ 王海明. 人道新探[J]. 玉溪师范学院学报，2007（2）.

人道主义是将人道奉为社会治理最高原则的社会理论。[①] 由此看来，人道是普遍的人性概念。人道固然是一种应该如何善待他人的最高道德原则，但就其实质，在阶级社会里，就是统治者应该怎么样善待被统治者并且以所有人（包括统治者和被统治者）的全面发展为目的的最高道德原则，也是社会治理的最高道德原则。从这个意义上说，我们毋宁把人道看作一种人类社会在道德发展过程中所具有的规律性，因而，我们对它的研究是认识和发现，而不是创造和发明。

当然，作为个体的人也要讲人道主义。那么，对个人来说，讲人道主义的意义在哪里呢？说到底还是把人当人，就是凸显人的尊严和地位的无上性。若一个人只有爱别人的情感，这不足以构成德行，完整而健全的道德含义就是对人的尊重。对人们之间相互尊重的理解要全面：首先，不能简单地说一个人对他人和善友好就是对人的尊重，和善友好只是它的表现形式，而是对其人格尊严和价值的肯定；其次，也不是只对他人和善友好，还包括善待自我，这种对自我的善待不是自私，而是把自己和他人都看作宇宙生命的一部分加以尊重。尊重他人与尊重自我的关系是相互的，二者相辅相成，互为条件、相互促进。周辅成概括道："道德或德行，也许是个奇异的东西，你会尊重别人的人格及其价值，也会尊重自己的人格及其价值。换一个说法：你如果能真正尊重自己的人格，你就会尊重别人的人格及其价值，这就是正义感的来源，也是道德的来源。讲伦理学就应该从这里开始，然后可从个人道德开展社会道德、社会公正。"[②] 我们发现，人道主义的根本特征就是它总是以"人为目的"，而这正是康德哲学的精义。

---

① 王海明. 新伦理学 [M]. 北京：商务印书馆，2008：964.
② 周辅成. 周辅成文集（卷Ⅱ）[M]. 北京：北京大学出版社，2011：461.

二、对"个人主义""集体主义"的辨析

人道主义不应该只是空洞的口号,它必然要落实到每个个体的人上。新的伦理学理论的建构应是面向人民群众的道德生活,面向现实社会道德问题。无论是道德规则还是道德概念的提出,决不能不顾人民群众的生存状况和道德需要,去编造一些虚幻的理论,为权势唱赞歌,替恶者立规矩。周辅成反对把那些抄袭来的、教条式的东西曲意解释后再强加于人,对一些哲学、伦理学词语望文生义,妄加以评判,以至于谬种流传。他认为,当我们对一个伦理学概念争议比较多时,可以用"请循其本"(庄子语)办法,考察清楚它的思想渊源和来龙去脉,然后再去理解使用者的意图,而不能人云亦云。

"个人主义"一词,就经常被误用滥用,似乎只要一有人提到"个人主义",人们就说他是自私自利的。其实只要简单地考察一下"个人主义"一词的来源和形成,就可明白对它的误解。周辅成对这一词语做了溯源性的考察:文艺复兴运动后期,意大利人用"人道主义"一词专指十四到十六世纪波澜壮阔的平民反专制潮流,后来的启蒙运动是人道主义的进一步发展,十七、十八世纪的欧洲思想史被称之为"我"的自觉史,到法国大革命人们追求自由平等思想,并没有人使用"个人主义"一词。1840年前后,来到美国的法国人托克维尔写了《美国的民主》一书,他用拉丁文Individualis加上ism来形容英法大革命中平民的行动和理论,从而把启蒙运动也看作是个人主义思潮,但似乎是有贬义,在野的平民思想家包括部分保守派思想家按文艺复兴时期人道主义的意思以及启蒙运动时期伏尔泰、卢梭等人注重"我""自由""民主"的含义,从积极和良好的意义上使用并解释它。"个人主义"一词流行后,的确产生了不同的解释和派别,但历史上从来没出现过一个真

正的个人主义者是"自私自利"的主张者。相反，他们反对专制，反对统治者的自私自利。西方从十九世纪的后半期传至今日的个人主义，大部分都主张"整体依个人而得理解""一切社会生活的方式，都是其中的个人所创造，都只能被视为是达到个人目的的手段"。所以如果对个人主义进行描述就可能是这样的，它认为个人利益是决定个人行为的主要因素，并强调个人的自由和个人权利的重要性，但个人主义绝不是利己主义。历来个人主义被不同的人赋予不同的意义来使用，在朝党、在野党、贵族、平民都讲过个人主义，他们各自所理解的意义可能完全相反。依照周辅成对"个人主义"一词流变过程的考察，可以看出，"个人主义"从来就不是一个单纯的伦理学的名词，而与意识形态观念密切相关。

"集体主义"这一词语也有着同样的命运。周辅成总结了"集体主义"一词历史演变过程：在欧洲十九世纪中期，"集体主义"是作为与"自由主义"相对立的词语出现的，完全是一个经济学上的词语，集体主义和自由主义是英国当权的保守派和自由派之间的论争焦点，与社会上在平民或工人间流传的社会主义思潮并无直接关系。马克思、恩格斯在其整个生涯里亲眼目睹了他们的言论和斗争，却从来没有在书中提到过"集体主义"，更没有讲过自己的社会主义就是集体主义。因此，"如果要用集体主义来解释马克思的社会主义，恐怕只能算是某个人的意见，或在某时期、某场合的意见。但不是马克思本人的意见，更不能作为马克思主义的根本原理。因为'社会主义'一词，已把'重社会集体的意义'表示无遗了。"[①]

长期以来，伦理学上关于个体主义和整体主义的争论一直不断。这

---

① 周辅成. 周辅成文集（卷Ⅱ）[M]. 北京：北京大学出版社，2011：474.

个问题本质上是哲学里的"一"与"多"的关系问题，也是普遍与个别的关系问题。黑格尔对"一"与"多"的辩证分析达到了近代哲学史上的最高水平。从本体论转化为认识论，就形成了个体主义和整体主义的争论。个体主义与整体主义之争在现代西方伦理学上表现为共同体主义和自由主义的争论，具体到当代，国内主要表现为个人主义和集体主义的争论。其实，"无论是个体主义，还是整体主义都具有其片面的真理性。"[1] 问题在于，在何种条件下来讨论个人主义和集体主义。周辅成总结说："从历史事实看，在一个平民比较有民主自由的社会中，若有人去讲集权主义、权威主义，一定是不合时宜的，不会有很多人附和；反之，若有人生活在国家至上，民族至上，领袖至上的集权统治下，却去讲个人主义，一定会自讨没趣，甚至有被视为'大逆不道'和'犯罪'的危险。这样讲，绝非危言耸听，这的确是不容怀疑的事。"[2] 有人提出"集体主义是真理"的论断，这是片面的认识。因为，相对于"集体主义"，人们也可以同样得出"个人主义是真理"的结论。

周辅成对"个人主义"和"集体主义"这两个词语的辨析意义在于，社会主义不能不讲集体，但是"社会主义"一词本身已经充分包含了重视社会集体的含义了，无须再过分强调。因为在"集体主义"的条件下，最大的问题就是：容易忽视"整体由个体组成、没有个体整体便成为虚无"这一正确认识，也最容易出现以"集体主义"的名义侵犯或剥夺个人权利的现象。因此，在这个条件下，不应该再过分强调"集体主义"，相反，应该更多地关注个体的生存和发展，维护个体的权利和自由。只有这样，才能避免在集体主义的条件下完全否定个体

---

[1] 张传有. 伦理学引论 [M]. 北京：人民出版社，2006：386.
[2] 周辅成. 周辅成文集（卷II）[M]. 北京：北京大学出版社，2011：472.

权利以至于走向专制主义甚至于法西斯主义的危险。

三、对人性论与阶级论之间关系认识的深化

关于人性论与阶级论之间的关系，传统的认识完全把人性论置于阶级论之下：在阶级社会里，人都是从属于一定的阶级的，不存在抽象的、超阶级的人性。周辅成在二十世纪八十年代以前的观点是"人性论与阶级论也未必水火不容，关键是看我们对这两者的解释如何"。①他认为"人性论比阶级论更根本，或者说，阶级论不过是人性论的进一步发展"，从阶级论回到人性论，最终还是要追求个人的尊严、自由、幸福。但同时他又认为"就社会发展的决定力量而论，只怕阶级论有时比人性论更重要"，②那些主张从阶级论回到人性论、从阶级解放回到人的解放的思想家们的主张有其历史上的进步性，但是这和社会主义所谓的异化与解放问题仍有一定的距离，社会主义讲的一切异化主要是以劳动者的劳动异化为主，"劳动人民的创造的特性，在这种异化社会中被剥夺，劳动变成被强迫的劳动，被奴役的劳动，人与人的关系变为物与物的关系，因此社会主义认为人或人性要复归，就是指一切有劳动力的劳动者的本来状态要复归，这是一种表达阶级论或阶级解放论的理论形式，最终是要求劳动人民的阶级解放"。③鉴于以上的认识，周辅成认为讲人性论也要讲阶级论。他进一步解释了讲阶级论的原因，一语道破人民没有人权、民主、自由的本质：社会主义社会的所谓异化现象（封建特权、个人独裁、公仆变成主人等）正是"封建时代的阶级斗争"在社会主义社会的重演。

---

① 周辅成. 周辅成文集（卷Ⅱ）[M]. 北京：北京大学出版社，2011：118.
② 周辅成. 周辅成文集（卷Ⅱ）[M]. 北京：北京大学出版社，2011：120.
③ 周辅成. 周辅成文集（卷Ⅱ）[M]. 北京：北京大学出版社，2011：119.

第四章 周辅成的人道主义思想

对于这个问题,周辅成的弟子,学者赵越胜曾经和他有过讨论,赵不同意周辅成的"就社会发展的决定力量而论,只怕阶级论有时就比人性论更重要"的结论。赵的观点是:"在马克思的《1844年经济学哲学手稿》中,阶级的解放是一切人解放的手段。马克思是从普遍的人性出发经由阶级消亡而达于普遍人性的实现,在理论上,马克思在手稿中的论述是自洽的。阶级论不过是人性论这个大议题中的一个论题,因而人性论是更具根本性的命题。当阶级论被夸大到绝对时,必然引发对人权和人性的肆意践踏,这正是极权主义者进行权力斗争的看家功夫。"[1] 周辅成很乐意听到赵越胜的不同看法,谦虚地说这个问题他自己也觉得没想透,但是他阐述了他担心普遍人性会淹没具体的社会阶层的想法,在法国大革命中就出现过这种情况,他的立足点在于"为我们应该参加劳动人民的队伍,为'大老粗''土包子'讲几句公道话",也即关注的是弱势群体的利益。他仍然坚持认为劳动人民在争取自己的自由和利益时,普遍的人性论要让位于阶级论,在这种情况下,阶级论比人性论更重要,他也知道阶级论在某些国家常被用作清除异己的工具,但阶级论本身来自历史事实,不能忽略。

为什么周辅成说讲人性论、人道主义要提阶级论,甚至于在某些情况下,阶级论比人性论更重要呢?我们大概可从两个方面来理解。第一,人性论、人道主义是伦理学上的概念,而阶级论是政治学上的概念,并不是说两者没有联系,而是说从伦理学概念到政治学概念是需要理论和实践上的过渡。人性论在不同历史阶段的表现状况非常复杂,跟社会发展的经济政治状况的关系非常密切,我们把人道主义看作是社会管理的最高原则是从"应然"的"价值"意义上讲的,这与"必然"

---

[1] 赵越胜. 燃灯者——周辅成先生纪念文集[M]. 长沙:湖南文艺出版社,2011:96.

的"事实"意义是有距离的。伦理学与政治学是密切相连，这种联系并不完全是中国伦理学传统意义上的伦理政治化、政治伦理化，它包含理论上的公正正义如何面对社会现实而得以实现的政治哲学价值。具有普遍意义的伦理学概念要讲，但是也要有一定条件和政治前提。罗尔斯在完成《正义论》提出正义的伦理学观念后，又写了《政治自由主义》一书，就是要完成作为道德哲学的"公平的正义"到政治哲学的转换和过渡，其意义在于，道德哲学的基本问题——保证社会价值分配的公平正义在政治哲学里必须面对的是如何在理性多元的社会文化条件下建立并保持现代民主社会的秩序稳定。在王权专制的社会里，平民大众没有话语权，只有统治者或者其利益集团有话语权。在这样的社会讲人道主义，只能是少数人的人道主义，甚至有的人打着人道主义的幌子行非人道之事，所以周辅成说，讲人道主义阶级论不能丢。第二，受马克思主义哲学影响的周辅成用阶级的观点分析问题。在一个阶级社会里，要讲人道主义主要是统治阶级向被统治阶级实行人道主义。即使在社会主义国家也要讲社会主义的人道主义。

　　社会的现实状况使他有了更多的思考。也许是他看到了阶级论在以某种形式被绝对地夸大的事实，在政治斗争中"阶级论"不仅被人用作了清除异己的工具，还成了压制民主、自由、人权的手段。后来，周辅成更多讲社会主义的人道主义，而阶级论则提得不是很多了。

第五章 周辅成对儒家伦理思想的全新解释

第一节 周辅成对先秦儒家基本精神的发掘

　　从古至今中国学人及其学术的命运似乎都与政治密切相关。在新中国成立后不久的反"右"斗争中,曾经在学术领域做出杰出成就的哲学家、思想家们却成了被改造的对象。西方哲学和伦理学都被视为"资产阶级反动学科"排除在学术研究的内容之外,对儒家思想的研究,更是少有人敢于问津。周辅成被放在中国哲学史教研室从事中国哲学史的研究,长期处于边缘地位。但是,正是由于这样一个阴差阳错的安排也给周辅成一个更加深入研究和探讨中国哲学的机会,尤其是他对儒家伦理思想进行了再思考和再审视,形成了自己独特的观点和思想,他和中国哲学史教研室的同人们一道,对儒家思想进行了重新评价。

　　对于儒家伦理思想深入的探究性研究,周辅成不是以写作卷帙浩繁的大部头著述的形式来进行的。他的论著有一鲜明特点:言简意赅,微言大义。很多阐述和思想表达都具有开创性、启蒙性和预见性。这些深入探究儒家伦理思想的著述虽然为数不多,但是每篇都言近旨远、内容深刻、内涵丰富。较为重要的论著有《哲学大纲》《戴震》《荀子》《孔子的伦理思想》《论董仲舒思想》《熊先生的人格和哲学体系不朽》《唐君毅的新理想主义哲学》等。特别是《孔子的伦理思想》《论董仲舒思想》两篇文章，集中地体现了他对儒家思想基本精神的充分发掘。他以社会公正和人道主义等伦理学视角对儒家思想基本理念进行了重新诠释。《孔子的伦理思想》论述并总结了孔子伦理思想的主要内容和发展、变化的过程，及其在中国伦理思想史上的重要地位和作用。孔子之前的道德主要是古代流传下来的习俗道德，其注重客观的社会利益、客观的礼与义，但孔子非常重视从西周时就出现的"仁"的观念在道德生活和社会生活中的作用。周辅成认为，虽然孔子不是"仁"的发明者，但他应时代之要求，以仁德来补救义德之不足，孔子有关"仁"的伦理思想是对社会道德进步的一个巨大贡献。孔子的伦理思想使社会上的消极道德转为积极道德，使礼俗的道德风气转为自觉反省的道德风气。在孔子那里，"仁"与"义"两个概念既有区别又相互依存，互相发明。他在"求诸己"的前提下，提出注重"智、仁、勇"三大德，改变了先前的三大德（"仁、义、礼""仁、礼、勇"等），并阐释了以"智、仁、勇"为基础的道德实践过程即反省道德发展的"上达"过程。在先秦儒家的公正思想方面，周辅成认为以公正为目标的"天下为公"的政治主张是先秦儒家政治理想的应有之义，公平正义应该是执政者的执政之基和执政之德。在《论董仲舒思想》一文里，周辅成从分析董仲舒"天人合一"的哲学入手，认为董仲舒的伦理思想在根本精神上与先秦儒家有所差异，董仲舒对儒家思想的改造使之走向另外一个方向。周辅成把董仲舒的思想看作两千年来封建政权"合法""道统"的开始，"从此儒家的道理，不再以封建领主为斗争的对象，而披上宗教方士的外衣，以人民为斗争的对象——趋于反动了。儒家也变为儒教了"。[1] 诚然，由于这篇文章写于"阶级斗争"的政治气氛非常浓厚的60年代，因此它所表达的观点带有一定的"阶级立场"，得出"他（董仲舒）不是一个进步的思想家"的结论。在今天，从纯粹的哲学史角度来看，董仲舒的确是儒家思想发展史上一个重要而关键的人物，但是，考虑到周辅成写这篇文章时的政治风气和时代背景，我们不能毫无根据地对他所做出的结论横加指责。从根本上讲，周辅成是以人民的利益和他对先秦儒家思想真义的理解为出发点来看待和评价董仲舒这一历史人物的，同时他也揭示了儒家思想在与政治结合的过程中对原始儒家基本宗旨的背离，这些都表明了他反对专制、追求公正、人民为重的一贯精神。周辅成的结论与他对先秦儒家思想的基本理解和认识是相一致的。

历代儒家，纷繁复杂，有的立足于人性善恶，有的侧重于仁义道德，有的着眼于忠孝爱国，有的徜徉于治国兴邦，不一而足。那么周辅成是怎样理解儒家思想，在他眼里什么才是真正的儒家精神呢？儒家精神又是通过怎样的概念、范畴来展现出来的呢？

周辅成对先秦儒家思想里的几个重要概念进行了重新分析、考证，澄清其基本内涵；他又考察了"仁"的起源及其作为儒家伦理核心观念的确立过程，强调以"仁"为主要观念的儒家道德的特点在于"自我反省"；周辅成重新审视了"勇"在儒家道德实践和道德价值方面的作用，指出历来儒家对"勇"的重视不足；他还探寻了"忠"的原始意义，批评人们在对"忠"的理解上主从关系颠倒的误读；他在内容和方式上强调"学"在先秦儒家思想里的重要作用。总之，周辅成从多个方面对先秦儒家思想进行了不同的解释和发明。周辅成认为先秦儒

---

[1] 周辅成. 周辅成文集（卷Ⅰ）[M]. 北京：北京大学出版社，2011：558.

家思想的精义大致体现在以下几个方面：

一、循善而行，仁爱天下

（一）周辅成关于"仁"的观念演进和含义变化的观点

在"仁"的观念演进过程和含义变化上，周辅成有自己的认识。众所周知，"仁"作为儒家思想的一个关键词语，是孔子赋予了它深刻的内涵和特殊的意义，然而在孔子之前，以"仁"为中心、注重人道的思想在周代初期或春秋初期就已经出现了。周辅成对孔子之前的"仁"进行了考察。《尚书·金滕》里就有"予仁若考（我抱着仁心遵从祖先）"的记载。《左传》就有这样的话："亲仁善邻，国之宝也。"在《国语·晋语》中记有骊姬关于"仁"的言论："吾闻之外人言曰，为仁与为国不同：为仁者爱亲之谓仁；为国者利国之谓仁。故长民者无亲，众以为亲。"这说明在孔子之前的一两百年间，仁的观念已经非常普遍了。在《尚书》《左传》《国语》里，有非常多的地方提到"仁"。我们注意到，《左传》有"仲尼曰：古也有志，克己复礼，仁也，信善哉"[1]（孔子说，古来有人说，克己复礼，就是仁的本义，这话说得真好）。这表明孔子也承认"仁"早已是非常古老的概念了。[2] 通过对孔子之前"仁"的观念的考察，周辅成得出几个结论[3]：一，孔子特别重视仁，并把它列为主德，这无可争论，但说是孔子创造了社会仁德，则是不符合事实的，"仁"的观念来自民心，是孔子丰富其内涵并促进了它的发展。二，仁德自始便有两种意义，一是作为主观的道德情感，是

---

[1] [清]阮元, 校勘. 十三经注疏 [M]. 上海：上海古籍出版社, 1997：2064.
[2] 周辅成. 周辅成文集（卷Ⅱ）[M]. 北京：北京大学出版社, 2011：418.
[3] 周辅成. 周辅成文集（卷Ⅱ）[M]. 北京：北京大学出版社, 2011：418-419.

从反省得来的对人的同情，一是作为客观的社会责任感，是社会秩序上的义务。前者多半施行于人民之中，后者则多半为统治者对人民的态度。三，古代统治者之所以讲仁德是被动的，君王重仁，孔子重仁，原因是社会上人民重仁。周辅成从仁德观念产生的事实出发得出的结论可以归结为一句话：孔子时代的"仁"来自民心。

在此，周辅成强调的两个问题——孔子之前很早就已经有了"仁"观念的存在、"仁"的基础是民心虽然貌似跟孔子的关系不太大，但是，这丝毫不影响孔子作为先圣先贤的地位。相反地，正是这两个事实说明了孔子敏锐觉察社会现实问题的根本所在，顺应社会发展的潮流，把"仁"的观念落实到民心之上，使之成为儒家学派道德规范的最高原则，这一最高原则表现为"德性之'仁'与规范之'仁'的统一"①。周辅成认为，从注重客观的社会道德到注重主观的反省道德，从注重客观的礼义变为注重主观的仁爱，这是中国古代道德发展的规律。孔子的"仁"就是一种反省道德。"仁"在《说文解字》里的解释是"仁，亲也，从人二"，这里的"二人"，意在表明一种血缘关系。孔子对"仁"的阐释也是从血缘关系出发，进而扩大到天下的。儒家为什么以"孝"作为仁爱的起点呢？在今天看来，先秦儒家这种做法类似于对自然法的遵守，这是一个智慧的选择。血缘关系中的"孝"是子女对父母的单向天然关系，人无法选择自己的父母，"孝"本身是某种无条件的责任（当然父母也不是没有义务），所以《孝经》认为"孝"是天经地义的事情。儒家思想的仁爱观念没有像康德伦理学那样确立一个先验的"绝对命令"，而是在现实中找到一个可以无条件遵守的法则作为起点，由此推及至兄弟、夫妇、朋友、君臣的关系。它表明

---

① 田文军. 近世中国的儒学与儒家[M]. 北京：人民出版社，2012：11.

仁爱在本质上是一种唤醒"为自我立法"道德意识的反省道德。周辅成说真正的道德必定来自道德自我的活动，正是孔子发现了道德行为当中道德自我的存在。如果说把"孝"作为"仁"的起点是与儒家仁爱道德意识的某种契合，那么孔子的很多话则表明他对这一反省道德的重视。孔子说："为仁由己，而由乎人哉？"（《论语·颜渊》），其"由己"的观念就是道德感和道德主体，即是一种良心自觉。孔子还讲"克己复礼"，"克己"即修己内省，意志自主，"礼"则是指周初所谓重德、重个人良心、重个人自觉的"礼"，而非一般的习俗礼仪。当然，一般的习俗礼仪也是一种道德积累，但它是有条件的道德，因为它只注重形式尤其是结果，里面没有强调主体的意志自主，所以它还不能算是一种真正的道德。"德性是德行的基础，具备良好的德性，可以导引行为的道德，坚持德行，则可以完善和彰显人的美德，这些观念是早期儒家伦理中最富创意的思想。"[1] 儒家伦理道德的不凡之处即在于它强调德行的自觉，是一种反省的道德。

（二）周辅成认为孔子的"仁"是立体而综合的概念

孔子讲"仁"的时候往往是与"智""勇"一起来讲，"今日很多人离开智与勇来讲孔子的仁，未必能得孔子原意"[2]。通过对《论语》文本的解读，我们不难发现，周辅成对孔子"智""勇"等观点的理解是深刻而准确的。

周辅成发现孔子非常重视"智"，这里的"智"既包括"见闻之知"又包括"德性之知"，因此就"智"而言，其意义不仅在于结果，更重要的是在于其过程，即"学"。孔子是非常重视"学"的。《论语》

---

[1] 田文军. 近世中国的儒学与儒家 [M]. 北京：人民出版社，2012：12.
[2] 周辅成. 周辅成文集（卷Ⅱ）[M]. 北京：北京大学出版社，2011：228.

的开篇就是谈"学",学就是为了"智"的实现,"学而时习之,不亦说乎?"(学习道德智慧而在恰当的时候去践履道德行为难道不是一件令人愉悦的事情吗?)"学"在道德修养中有着极为重要的作用:"好仁不好学,其蔽也愚;好知不好学,其蔽也荡;好信不好学,其蔽也贼;好直不好学,其蔽也绞;好勇不好学,其蔽也乱;好刚不好学,其蔽也狂。"(《论语·阳货》)①虽然由"学"而达"智",但"学"的过程显然是自觉自主的努力。在重视"智"与"学"的同时,孔子也非常重视"勇"。今天我们看来,"勇"实际上是一种道德判断力和行动力,缺少"勇"的"仁"是不完整的。与"仁"相结合的"勇"能实现"恭、宽、信、敏、惠"各种美德,以帮助"仁"发挥巨大的作用。孔子说的"弘毅",孟子"自反而缩,虽千万人,吾往矣"的浩然正气都是"勇"的显现。虽然"勇"在孟子那里还有所表露,但是,周辅成认为,"从孟子起,另提仁义礼智为主德或大德,其实,将仁智与礼义并列,不过兼及道德的主客两方面而已,但其丢掉'勇'的主德地位,则似乎已离开了孔子的原意了"②,这很好地揭示了"勇"在孔子那里得到了重要的发挥。

  周辅成还把孔子的"智""仁""勇"和近代西方的职能心理学相类比,认为职能心理学的"智、情、意"和孔子的"智、仁、勇"有相似之处。他参照古希腊柏拉图的国家理论对孔子的"智、仁、勇"进行了分析和考察,来说明古代中国和西方的先圣先贤们的伟大思想具有相通之处,表现出儒家的仁爱学说具有人类普遍存在的价值观念。孔子的深刻之处在于,"智、仁、勇"完整一体的道德修养论背后有一个完整的道德价值。在这三者当中,"仁"不仅处于主导地位,而且强调

---

① 杨伯峻译注. 论语译注 [M]. 北京:中华书局,2009:182.
② 周辅成. 周辅成文集(卷Ⅱ)[M]. 北京:北京大学出版社,2011:230.

了道德主体的自我活动，即道德自觉。可以说孔子的（伦理）道德思想的关键点就是注重个人意志。在"智、仁、勇"三大德当中，无一不凸显个人意志的作用，这很类似于康德道德学说的自由意志，但康德的自由意志是一个先验概念，而孔子的道德自觉则是现实的意志力，它总是朝着善的方向前行，即"止于至善"。这正是《礼记·大学》里的主旨，《礼记·大学》中有："大学之道，在明明德，在亲民，在止于至善。"郑玄注："止，犹自处也。"孔颖达疏："在止于至善者，言大学之道，在止处于至善之行。"陈澔集说："止者，必至于是而之意。"依照孔子的伦理思想，道德和知识的原则就是"循仁而学、向善而行"。

(三) 何谓"至善"

按照周辅成所给出的思路，我们可分析如下："至善"的概念如同"仁"的概念一样，孔子似乎也没有给出"至善"的明确界定，但是我们还是能从"仁"的观念里看出一些孔子的心迹来。"至善"确乎与"仁"与"天道"密切相连。在儒家看来"至善"是"天道"的本性、是"仁"的表现，也是道德修养所能达到的最高境界。"大学之道，在明明德，在亲民，在止于至善。"这"三纲领"之间并非平列的关系。从工夫的大节目看，似乎只有"明德""亲民"才是可落到实处的事情，而"止于至善"只讲了前者的层次和要达到的高度，但在朱熹看来要实现前者最为要紧的就是"止于至善"。他在《大学章句》里说："止者，必至于是而不迁之意。至善，则事理当然之极也。言明明德新民，皆当至于至善之地而不迁，盖必其有以尽天理之极，而无一毫人欲之私也。"而就"至善"两字而言，关键又在"至"字，朱熹说："'善'字轻，'至'字重。"（《朱子语类》卷十四，第110条）由此可见，如果"善"字是指一般意义的善，那么加上一个"至"字，意义就会大有不同，"至善"二字便具有了非同一般的特殊意义，可以说是"最为完美的境界"。从"仁"的思想来源看，它的观念不是凭空编造出来的，它来自礼崩乐坏的社会背景，尽管孔子之前已有"仁"的观念存在，但的确是孔子把它丰富为儒家思想的主要内容，成为其思想体系的核心观念。然而，由于"仁"的内涵所具有的丰富性，使得它不大容易用确切语言来定义。因为有时候定义反而会限制概念本身的开放性，所以人们常常用属性描述的方法来说明概念内涵的深刻性和丰富性。"至善"，可谓是对"仁"的属性描述。孔子认为，世间一切相对的礼义，之所以能存在、有价值，必然依靠一个绝对性的、永久性的原则，这个绝对性的原则就是"天道"。有时候孔子也把它叫作"斯文"。在礼崩乐坏、"邦无道"的乱局下，相对的道德已经发挥不了作用了，他只能诉诸这种绝对原则。对于社会来说，它是"天道""斯文"，对于个人来说，它就是"命"，来自天地万物和人类社会，因此孔子言自己"五十而知天命"。程颐认为《中庸》首章便是"孔门心法"："天命之谓性，率性之谓道，修道之谓教"，关于这几句话，从古至今思想家们做出的解释不尽相同，周辅成认为孔子所说的"天命"，就是他从人类延续不断的生命集合体中看到的"生生之德"和社会发展的规律性，它的主体就是人、人民，人应该"穷理尽性""明德""亲民"，以达到最为完美的境界，就是"止于至善"。"止于至善"则表明对仁的追求、对"天道"追寻的永恒性。综上所述，先秦儒家是把"至善"理解为"天道"的道德原则、"仁"的至高道德标准、"穷理尽性"的完美道德境界，把它看作对"天意"的顺从以及对个体心性道德修养的不断完善过程。"止于至善"就是从儒家的"人道主义"出发而实践对"道"的坚守和不断追求。

二、天下为公，民惟邦本

（一）天下为公的"大同"理想

在儒家的伦理思想里，道德和政治是天然联系在一起的，"天下为公"的基本含义是，"天下"是天下人的"天下"，"民惟邦本"的基本含义是，只有人民、百姓才是国家的根本。

周辅成认为孔子把"仁"作为社会急切需要的东西，是因为"仁"有两个得以存在的社会基础：一是世道衰微，弑君杀父的现象盛行于上；二是"邦无道"，可耻的"富且贵"之徒横行天下。从这两种情况来看，世风日下、道德败坏的根源和责任都在于统治者而非平民百姓。另外，孔子所言的"君子之道"，即"修己以敬"、"修己以安人"、"修己以安百姓"，也就是"修身、齐家、治国、平天下"的道路。君子修身的至高境界是成为圣人、成为君王以普济天下，这既是一条道德之路，同时又是一条政治之路。国家由道德高尚的圣人君子来管理和主宰，是儒家伦理思想的应有之义。关于孔子的政治理想，人们大体认同这样的说法，即《礼记·礼运》篇所描述的"大同"世界便是孔子的政治理想。这一"大同"社会不但是超越"家天下"封建制的理想王国，同时也是超越宗教，不靠神或者超自然的世外力量，是从人自身出发依靠人自觉的道德能力而实现的理想王国。在孔子的一生中，无论是做官为政还是周游列国，无论是居安为师还是身处险境，他都无不心怀天下，对此理想孜孜以求。《礼记·中庸》里说"仲尼祖述尧舜，宪章文武"，孔子推崇这些古代君王的重要原因是赞赏他们坚持"天下为公""民惟邦本"的政治原则。《论语》的最后一篇《尧曰》记载了三代以上圣贤君王的语录，饶有深意地表明了孔子的政治伦理思想观点。

尧对舜的告诫是"四海困穷，天禄永终"，① 舜让位于禹的时候也说了同样的话，商汤说："朕躬有罪，无以万方；万方有罪，罪在朕躬。"② 按照《孟子》的说法，周初有"天视自我民视，天听自我民听"。周武王说："百姓有过，在予一人。"③ 这些语录说明了但凡圣贤君王皆有"民惟邦本"的思想和"天下为公"的追求。

既然谓"大同"是儒家的政治理想，那么一个至关重要的问题摆在先秦儒家面前，即君王的选任问题，具体地讲就是君王选任的原则和方式的问题。先秦儒家对于这个问题的立场和态度是十分鲜明的，那便是选贤任能。选贤任能的标准是能够"以民为本"而造福于天下百姓、坚持"天下为公"的原则没有私心。《礼记·礼运》里孔子说："大道之行也，与三代之英，丘未之逮也，而有志焉。大道之行也，天下为公，选贤与能，讲信修睦。"④ 这里可见孔子的理想和追求。"大同"社会要求的"选贤与能"，首先就是选出贤明的圣君。根据《尚书》的记载，尧、舜、禹都是经过选拔和考验后接受"禅让"的。《礼运》把"禹、汤、文、武、成王、周公"六君的社会看作"大道既隐，天下为家"的"小康"，与尧、舜禅让的"大同"是一个较为鲜明的对比，由此可见孔子非常向往"天下为公"的禅让制。那么对于夏桀、殷纣这样荒淫暴虐的暴君，先秦儒家的态度是怎样的呢？孔子的态度是"不合作"："天下有道则现，无道则隐。"他似乎不主张臣子以暴力推翻暴君的做法，因为他曾经赞扬过周文王"三分天下有其二"，仍然服侍殷朝，并称此举为天下之"至德"。《论语》里也有孔子反对臣下对上的

---

① 杨伯峻译注. 论语译注 [M]. 北京：中华书局，2009：205.
② 杨伯峻译注. 论语译注 [M]. 北京：中华书局，2009：205.
③ 杨伯峻译注. 论语译注 [M]. 北京：中华书局，2009：206.
④ 王文锦，译解. 礼记译解 [M]. 北京：中华书局，2001：287.

"僭越"行为的记载。他对待"汤武革命"的态度是承认它以贤明取代荒暴，造福于民，于世有功，但是存而不论，也许正因为如此，孔子对"选贤任能"的理想才会更加渴望。至于孟子、荀子对"汤武革命"的态度是，明确表示赞同这种做法。他们认为汤武诛杀桀纣是诛杀"独夫民贼"，为民除害，他们以民心的得失来论证汤武革命的合理性。春秋时期儒家、墨家之所以成为"显学"，很大程度上是因为他们"选贤任能""尚贤"的主张深得民心。战国末期所谓"儒法斗争"以至于发生暴秦"焚书坑儒"的悲剧，究其根源来说，儒家"天下为公"的理想追求和政治主张不能不说是一个主要原因。从这个意义上来说，后世一些学者曲学阿世，以"君君、臣臣、父父、子子"的教条为一些昏庸暴虐、与民为敌的专制统治者进行辩护，从根本上背离了先秦儒家思想的基本精神。

（二）"忠"的溯源与"从道不从君"的观念

周辅成曾对"忠"的概念和起源有过详细的考证，他认为，"忠"作为一种美德，在孔子之前早就有了，不过"忠"的道德概念的出现，恰恰具有与后来相反的意义。它首先是要求君主或者统治者来实践的，而且是要忠于人民。《左传》（桓公六年）曾记载："所谓道，忠于民而信于神也。上思利民，忠也。"[1] 统治者要时刻想着谋求百姓的利益，这才叫"忠"。"人民给予统治者以权，是以对人民忠为条件的，这一条，可惜为后来暴君所破坏，他们窃得权后，自己不是忠于人民，反而要人民忠于他们"。[2] 孔子时代所讲的忠孝，和后来大一统专制时代讲的忠孝也是完全不一样的。"忠"是君主和臣民双方都要遵守的行为规

---

[1] [清]阮元，校勘. 十三经注疏[M]. 上海：上海古籍出版社，1997：1749.
[2] 周辅成. 周辅成文集（卷Ⅱ）[M]. 北京：北京大学出版社，2011：211.

则，并不是只有臣民对君主单方面的"忠"。周辅成对于"忠"的概念的考察，有力地揭示了古代君民关系的应有之义，体现了先秦儒家思想对君王的责任要求。

对于理想中的贤明君主，以孔子为代表的先秦儒家是主张尊君的，因为君王本就应该是奉行"民惟邦本"的宗旨而为天下百姓谋求福利的圣贤。用今天的话来说，在先秦儒家的心目中这些圣贤是真正的人民利益的代表者，因此对这样的君王他们主张"君君臣臣"，绝对服从。然而，对于现实的君主，则就不一定了。孔子提出的口号是："以道事君，不可则止。"孟子说："民为贵，社稷次之，君为轻。"荀子则表示"从道不从君"。他认为君与民的存在关系是"天之生民，非为君也；天之立君，以为民也"①（《荀子·大略》）。孔子所要求的"君子四道"也是从人民的利益角度考虑的："君子之道四焉：其行己也恭，其事上也敬，其养民也惠，其使民也义。"②（《论语·公冶长》）他认为从根本上讲君主的利益与百姓的利益是一致的，要求统治者要关心民众的需求和愿望，满足他们的物质利益需求，"因民之所利而利之，斯不亦惠而不费乎？择可劳而劳之，又谁怨？"③（《论语·尧曰》）孔子说："君子之德风，小人之德草。"就是专门对君子讲的，具体地说也就是要求统治者首先遵守"仁、义、礼、智、信、忠、孝"。孟子说统治者的命运和百姓的命运休戚相关，只有君王替人民着想，人民才能替君王着想，只有与百姓同甘共苦，才可称得上称职、合格的君主："乐民之乐者，民亦乐其乐；忧民之忧者，民亦忧其忧。乐以天下，忧以天

---

① 梁启雄. 荀子简释 [M]. 北京：中华书局，1983：376.
② 杨伯峻译注. 论语译注 [M]. 北京：中华书局，2009：46.
③ 杨伯峻译注. 论语译注 [M]. 北京：中华书局，2009：208.

下，然而不王者，未之有也。"①（《孟子·梁惠王下》）孟子还说过"君臣有义"的话。"君臣有义"也指的是君臣之间要相互尽"义"，而非说臣对君绝对服从、人民对统治者绝对服从的单方面义务。如前所述，孔子的政治理想是"天下大同"，它的一个原则是从"天下"出发，从人民利益、芸芸众生的福祉出发，那么它对于统治者的要求当然就是"民惟邦本"。在先秦儒家看来，君王选任的理想状况当然是选贤任能和类似尧舜的禅让，如果不能做到，就退而求其次地转向"家天下"的政治制度。他们认为，即使是在"家天下"的状态下，只要能像禹、汤、文、武一样做到"以民为本"，那么这些君主也同样符合儒家理想中圣贤君王的标准。至于对待那些身居尊位却残暴而无道、骄奢而无德，只为自己私欲而不顾百姓死活的统治者，先秦儒家的态度是指责和痛斥，这样的例子在儒家所推崇的六经里面俯拾皆是。真正的儒家是"公天下"的坚持者，是"正德、利用、厚生"的主张者，是统治者的监督者。从某种意义上讲，"从道不从君"的思想追求是中国知识分子批判精神的源头。

在孔子看来，臣对君的态度应该是"事君，敬其事而后其食"②（《论语·卫灵公》）。他教导弟子们要恭敬庄重地完成君主交给的任务，然后理所当然地拿取酬劳。"臣事君"在经济关系上是完全对等的，而不存在依附关系。孔子又说："君使臣以礼，臣事君以忠。"③（《论语·八佾》）这进一步说明了君臣关系在道德义务上应具有的对等性。君主安排臣子去做事情就应当按照礼法来进行，臣下为君王做事情要表现出忠诚。这里"忠"的含义，虽然已经不是当初意义上"忠"

---

① 杨伯峻译注. 孟子译注[M]. 北京：中华书局，2005：33.
② 杨伯峻译注. 论语译注[M]. 北京：中华书局，2009：168.
③ 杨伯峻译注. 论语译注[M]. 北京：中华书局，2009：30.

的含义,即不是《左传》里所说的"忠于民而信于神也。上思利民,忠也"的"忠",但它也不是"媚兹一人"的"忠君"之"忠"。其实,孔子所言之"忠"是人与人之间交往的道德准则,《论语》里是有很多这样的例子的:"曾子曰:'吾日三省吾身:为人谋而不忠乎?与朋友交而不信乎?传不习乎?'"①(《论语·学而》)"居处恭,执事敬,与人忠。"②(《论语·子路》)"爱之,能勿劳乎?忠焉,能勿诲乎?"(《论语·宪问》)等。孔子对那些不"使臣以礼"的君主的态度是"以道事君,不可则止"(《论语·先进》),可见孔子始终认为儒家的知识分子应该有自己的独立性,"危邦不入,乱邦不居,天下有道则见"③(《论语·泰伯》),对待君王要"勿欺也,而犯之"④(《论语·宪问》),敢于犯颜谏争。而孟子对于君臣关系的问题则讲得更明白,他曾对齐宣王说:"君之视臣如手足,则臣视君如腹心;君之视臣如犬马,则臣视君如国人;君之视臣如土芥,则臣视君如寇仇。"⑤(《论语·宪问》)显然在这个问题上孟子的态度和孔子差不多。

三、儒分朝野,士志于道

先秦儒家思想之所以能在诸子百家中独树一帜,是因为它经历了与其他各种思想相互辩难的思想激荡过程,是其内在的合理性、包容性及其开放性,使之日臻完善。但是,一旦儒家思想与权力相结合,使之具有了意识形态性质,就必然对其合理性产生巨大的冲击。在皇权专制权力下的儒家思想改造,必然对原始儒家的思想精义有所偏离。从汉武帝

---

① 杨伯峻译注. 论语译注 [M]. 北京:中华书局,2009:1.
② 杨伯峻译注. 论语译注 [M]. 北京:中华书局,2009:138.
③ 杨伯峻译注. 论语译注 [M]. 北京:中华书局,2009:81.
④ 杨伯峻译注. 论语译注 [M]. 北京:中华书局,2009:151.
⑤ 杨伯峻译注. 孟子译注 [M]. 北京:中华书局,2005:186.

定儒学为一尊,"罢黜百家,独尊儒术"后,本源上的儒家思想便失去了活力,表现得越来越僵化了。对其加以歪曲,对经典的断章取义更是司空见惯,孔子也被视作一个符号和象征被工具化地利用。历代儒家都主张以儒为尊,以孔为宗,事实上他们各自宣扬和声称的"儒家"思想也许早已背离了先秦儒家的基本精神,他们的主张可能正是孔子所反对的。

(一)君子儒与小人儒

在我们讨论儒家和传统文化时,必须有一个基本的前提条件,那就是一定要搞清楚历史上哪些是真儒家,哪些是伪儒家。论及这个问题,周辅成说,"孔子与儒家未必相等,民间儒家与官方儒家未必相等,或甚至相反"①。其实质性问题就是要看后来的各种"儒家"思想的主旨是否符合先秦儒家的思想精神。在儒学发展史上,民间儒家和官方儒家的不同或对立说明了两千年来儒家思想不是铁板一块,而是有着深刻复杂的变化。事实上,从孔子那里就有"君子儒"与"小人儒"的区分了,孔子曾经告诫子夏说:"女为君子儒,无为小人儒。②"(《论语·雍也》,这里的"儒"字是《论语》当中唯一出现的,也是传世文献中最早出现的)大概意思就是说,"你要去做个君子式的儒者,不要去做那小人式的儒者"。可究竟什么是"君子儒",什么是"小人儒"呢?

要了解君子儒和小人儒,首先要理解"君子"与"小人"的概念。《论语》里"君子"一词出现频率很高,达107次之多③,"小人"一

---

① 周辅成. 周辅成文集(卷Ⅱ)[M]. 北京:北京大学出版社,2011:482.
② 杨伯峻译注. 论语译注[M]. 北京:中华书局,2009:58.
③ 杨伯峻译注. 论语译注[M]. 北京:中华书局,2009:238.

词出现24次①，而作为"君子""小人"两者对比论述出现得也不少，主要有："君子周而不比，小人比而不周。"（《论语·为政》）"君子喻于义，小人喻于利。"（《论语·里仁》）"君子坦荡荡，小人长戚戚。"（《论语·述而》）"君子成人之美，不成人之恶。小人反是。"（《论语·颜渊》）"君子求诸己，小人求诸人。"（《论语·卫灵公》）"君子不可小知而可大受也，小人不可大受而可小知也。"（《论语·卫灵公》）从孔子这些话里我们大体可知道"君子"与"小人"的区别。

明代张居正为"君子儒"和"小人儒"下了定义："（君子儒）其学道固犹夫人也，但其心专务为己，不求人知，理有未明，便着实去讲求，德有未修，便着实去体验，都只在自己身心上用力，而略无干禄为名之心。"而"小人儒"则是："其学道亦犹夫人也，但其心专是为人，不肯务实，知得一理，便要人称之以为知，行得一事便要人誉之以为能，都只在外面矫饰而无近里着己之学。"他的解释大致从孔子的话"古之学者为己，今之学者为人"②（《论语·宪问》）而来，意在说"君子儒"是"为己"，"小人儒"是"为人"。有关《论语》这一节，何晏集解引孔安国的解释："君子为儒将以明道；小人为儒，则矜其名。"邢昺疏："言人博学先王之道以润其身者，皆谓之儒。但君子则将以明道，小人则矜其才名。"刘宝楠正义："君子儒能识大而可大受，小人儒则但务卑近而已。君子小人以广狭异，不以邪正分。小人儒不必是矜名，注说误也。"程树德《论语集释》集十余家古代注释进行了总结③，对"君子儒"和"小人儒"的区分主要是集中于"君子儒"——"明道"，"小人儒"——"矜名"；"君子儒"——"为己"，

---

① 杨伯峻译注. 论语译注 [M]. 北京：中华书局, 2009：217.
② 杨伯峻译注. 论语译注 [M]. 北京：中华书局, 2009：152.
③ 程树德. 论语集释：四部要籍注疏丛刊（中）[M]. 北京：中华书局, 1988：1443-1444.

161

"小人儒"——"为人";"君子儒"——"识大","小人儒"——"识小";"君子儒"——"远大","小人儒"——"狭隘";"君子儒"——"喻于义","小人儒"——"喻于利"等观点。这些观点大部分是以孔子的话作为出发点,或解释、或阐发、或引申,各有道理。但是,孔子向子夏说这番话是否还有更深层次的含义和寄托呢?胡适在1934年的文章《说儒》中认为"儒"是殷王室家族的负责教育的人,后来经过六七百年发展逐渐成为多数人的教师。钱穆认为"儒"有行业和学派两种含义:"儒在孔子时,本属一种行业,后逐渐成为学派之称。孔门称儒家,孔子乃创此学派者。本章('女为君子儒,无为小人儒')儒字尚是行业义。同一行业,亦有人品高下志趣大小之分,故每一行业,各有君子小人。孔门设教,必为君子儒,无为小人儒,乃有此一派学术。后世惟辨儒之真伪,更无君子儒小人儒之分。"[①] 在儒的起源上,周辅成认为,先秦诸子皆出自"王官",儒家更是这样,但儒家的起源更多地带有追求社会公正的成分。"在百家争鸣的社会条件下,也不免有人冲破樊篱,能为人民说一些公道话,以至自愿列入平民中,容纳一些广大人民所见的全面真理,愿过真正的人的生活。孔子说:'礼失而求诸野。'可见他本人也许可算是明显的例子。"[②] 这说明孔子已经不仅仅把"儒"看作一种行业,而是把自己的政治理想和以"仁"为核心的至善追求赋予其中,决心打造成一个学术流派。据学者高培华考证,子夏十五岁入孔门[③],时年孔子五十九岁,此时正值他周游列国、在各地办私学之际,孔子的儒家思想学说已处在成熟阶段。孔子向子夏说出"女为君子儒,无为小人儒"应在五十九岁之后,其劝

---

① 钱穆. 论语新解 [M]. 北京:生活·读书·新知三联书店, 2005: 151.
② 周辅成. 周辅成文集(卷Ⅱ)[M]. 北京:北京大学出版社, 2011: 484.
③ 高培华. 子夏的孔门求学时期 [J]. 史学月刊, 2004 (9).

<<< 第五章 周辅成对儒家伦理思想的全新解释

勉子夏的意义背后不仅表达了他对君子儒的赞赏和对小人儒的厌恶,同时也表明了君子儒和小人儒的区别在于:君子儒就是理解儒家精神、坚持儒家真义,把儒家道德理想作为追求的儒家学者,而小人儒则是与之相反。荀子对孔子的学生子张、子夏、子游等人的评价:"弟佗其冠,衶禫其辞,禹行而舜趋,是子张氏之贱儒也。正其衣冠,齐其颜色,嘿然而终日不言,是子夏氏之贱儒也。偷儒惮事,无廉耻而耆饮食,必曰君子固不用力,是子游氏之贱儒也。"①(《荀子·非十二子》)荀子把他们归为"贱儒",是因为孔子殁后,儒分为八,荀子认为子张这些人只会在行为举止上故弄玄虚,在思想上曲解孔子的言论,而没有真正理解儒学的精神,但这里荀子所说的"贱儒",似乎还不能算作是"小人儒"。

通过上述关于"君子儒"和"小人儒"的讨论,可以看出,孔子在世的时候,"儒"由一个行业成为百家之中的学术流派,孔子等人赋予它儒家思想的理想追求。在这个过程中,"儒"的行列里是鱼龙混杂的,孔子对"君子儒"和"小人儒"的态度表明,"小人儒"只是把"儒"作为一个谋生的手段,而真正的"君子儒",不仅仅把"儒"看作是一种职业,更是具有理想追求和社会责任感。孔子一生周游列国,劳碌奔波,宣扬自己的主张,并未十分得到当时君主们的欢迎,他自己也有"道不行,乘桴浮于海""用之则行,舍之则藏"(孔子这类的话很多,如"天下有道则见,无道则隐""邦有道则任,邦无道则可卷而怀之"等)的感慨,孔子的一生是从"世家"走向平民百姓的过程,最终脱离了"王官"的地位或立场。正是因为孔子看到"士志于道"的艰难,他一边感慨"礼失而求诸野",一边警告和劝勉自己的弟子要

---

① 梁启雄. 荀子简释 [M]. 北京: 中华书局, 1983: 69-70.

做"君子儒",而不要做"小人儒",然而如司马迁在《史记·礼书》里说:"仲尼殁后,受业之徒,沉湮而不举,或适齐楚,或入河海,岂不痛哉!"

(二)儒分朝野的思想

在周辅成看来,儒者自孔子时起就有"君子儒"和"小人儒"之分,既有"守死善道"、为民请命的勇士,也有以儒为名蝇营狗苟甚至依傍权势、曲学阿世的卑劣之徒。秦始皇暴政时期,就有很多儒生参与对皇帝的反抗,所以才逼得秦始皇焚书坑儒。秦始皇死后,反君主的农民起义军里也有儒家的信徒,《史记·儒林传》:"陈涉之王也,而鲁诸儒持孔子之礼器,往归陈王,于是孔甲为陈涉博士,卒与涉俱死。"所以周辅成说,"可见儒家并不是天生就是帝王或首领的同伙,原始儒家不仅不是君主御用的智囊团或者鼓吹手,甚至最早还是反专制主义的战士"①。整体来看,先秦时期的儒家作为诸子百家中的一家,其影响力是逐渐扩大的,原因大概在于这一原本来源于"王官"之学的儒学,其思想主张走进了平民百姓。孔子说"礼失而求诸野",他认为当统治者失去公正的执政之德时,公平正义一定存在于民间。在"民惟邦本""天下为公"的观念之下,先秦儒家从政治上提出对统治者的公正要求,在个人修养理论上给普通人以成为圣贤的动力,以"仁"的理念达成社会关系的和谐,以"礼"的规范保证秩序的稳定。历史是人民创造的,这些要求不仅符合社会发展的实际需要,更符合平民百姓的利益需要。真正的儒家总是首先考虑人民的利益,这样的儒家在民间居多。孔子之后孟子、荀子的思想又进一步光大了儒家学说。到了汉代,

---

① 周辅成. 周辅成文集(卷Ⅱ)[M]. 北京:北京大学出版社,2011:484

儒家思想发展出现了一个转折点，为了利用儒家为专制集权主义服务，汉武帝宣布定儒学于一尊，后又经由《白虎通义》规定，"于是在朝的儒学，不得不变成了帝王的统治术的拥护者"。①《汉书·儒林传》记载了彼时儒家变为"一尊"之学以后的状况："一经说至百万余言，大师众至千余人，盖利禄之途然也。"这些"大师"们（注释家和经论家）大多是借儒家之言来为当时的专制统治思想进行宣传或辩解。

在专制统治的制度下儒学和政治结合，理所当然地为专制主义的政治服务。由此，那些坚持儒家理想主义的儒者，也必定试图以道德的力量去转化政治，遂形成儒家的另外一种传统：在专制制度下的抗议传统，周辅成把此称为"在朝"的儒家和"在野"的儒家，从另外一个角度阐释了儒家思想的流变。他认为，在先秦儒家思想家那里，"天下为公""循善而行"的理想主义熠熠生辉，但自从儒家被"定于一尊"，这光辉便暗淡无光了。"董仲舒建立了天的哲学，重新解释了儒家思想，于是它便成了维护统治集团专制统治的护法之说。董仲舒隐去了先秦儒家'从道不从君''以道事君，不可则止'的自由高蹈，以'大一统'和不可僭越的'君臣之礼'将社会的各个阶层禁锢起来，铸成一套僵死而残酷的统治之道。"②周辅成说，董仲舒这样做，实际上是扭曲了正义的价值，因为董仲舒认为"所谓正义，就是维护君权与政权，一切反抗君主和现实政权的行为，都是非正义的"。在他看来，先秦儒家"以道事君"的理想，包含着读书人的人格尊严和自由选择，是对"弘道"精神的坚持，是对天下百姓的负责，他们眼里"君"可以变，"国"可以去，唯独追求至善的信念和维护公正的决心不能依附于权势而改变，读书人必然是自由之士，如无这种理想，便不过是策士、谋臣

---

① 周辅成. 周辅成文集（卷Ⅱ）[M]. 北京：北京大学出版社，2011：484.
② 赵越胜. 燃灯者——周辅成先生纪念文集 [M]. 长沙：湖南文艺出版社，2011：157.

和奴才而已。读书人并非一定参与政事，但是一定要阐发"善（公正）为国本""民惟邦本"的理念。孔子主张积极参与政治，力争以道德感化、改变政治。孟子也说："古之贤王好善而忘势，古之贤士何独不然？乐其道而忘人之势。"①（《孟子·尽心上》）"唯大人为能格君心之非。"②（《孟子·离娄上》）"格君心之非"是儒家的政治思想的一个理念，也是保证君主持公正于天下而不偏邪的途径。古代有很多贤明的君王是非常乐意于听取意见的，他们闻过则喜，从善如流。按照《论语》的记载，尧让位给舜的时候所说的话："天之历数在尔躬，允执其中。四海困穷，天禄永终。""朕躬有罪，无以万方，万方有罪，罪在朕躬。"③表明了尧舜时期君王的贤明。但是到了春秋战国时期，礼崩乐坏，列国争雄，世风日下，这样君王就较为少见了。孟子就是坚持"格君心之非"的人，并认为这对一个国家来说至关重要，"人不足以适（谪）也，政不足与间也，唯大人为能格君心之非。君仁，莫不仁；君义，莫不义；君正，莫不正。一正君而国定矣。"④（《孟子·离娄》）孟子就是坚持儒家精神，而不依附王权势力曲意逢迎的儒家知识分子。在周辅成看来，自董仲舒向汉武帝献策独尊儒术以来，先秦思想家中的民本观、仁义观便变了质，许多读书人失去了原有的自由风范，成为专制统治集团的工具。而同时，正如孔子所说的"礼失而求诸野"，平民百姓间依然存在先秦儒家精神的坚守者，他们便是"在野"之儒。所谓"在野"之儒，多是儒家理想的继承和传播者。如果从时间上看，先秦儒家都可谓是"在野"之儒，他们守死善道，以人

---

① 杨伯峻译注. 孟子译注 [M]. 北京：中华书局，2005：303.
② 杨伯峻译注. 孟子译注 [M]. 北京：中华书局，2005：180.
③ 杨伯峻译注. 论语译注 [M]. 北京：中华书局，2009：205.
④ 杨伯峻译注. 孟子译注 [M]. 北京：中华书局，2005：180.

为本，满怀恻隐之心。从先秦到秦汉的时间跨越使"儒分朝野"状况的对比性分明可见。

周辅成用"儒分朝野"的思想来标志和区分儒家，并非说实际"在朝"的儒家全都是借儒欺人，而"在野"的儒家全部都是真正的儒家。朝廷中也不乏有为民请命的大家儒士，民间也多有"腐儒""贱儒""小人儒"，区分二者的关键在于看这些儒家是否继承儒家思想精义；是否坚持天下为公、民惟邦本的理念，是否有仁爱天下的理想追求。历史上在朝儒家与在野儒家的斗争是曲折和复杂的。魏晋时期兴起的玄学并不仅是道家的变种，而是真正的儒家不得不与道家结合的产物，其中所谓的"名教"与"自然"之争，本是"在朝"与"在野"的儒家之争，如果仅仅把它看成是一种学术争论或者是一场宇宙论与本体论的斗争，那就错了。周辅成认为魏晋时期真正的孔孟儒家多不在朝，"竹林七贤"以及同行者就是他们当中的代表，"他们不是偏爱自然，实是逃避现实，不是反对儒家，而是憎恨当道诸公，假借儒家名教，实行封建专制。"[①] 陶渊明在"名教"的压迫下，写下《桃花源记》，抱怨"为何绝世下，六籍无人亲"，这也是和在朝儒家名教相对立的声音。当然，在朝儒家和在野儒家也未必水火不容。在宋代，由于外敌的压力，朝野之间的矛盾变小，学术较为昌明，儒释道三家都有所发展，儒家依赖书院制的兴起，迎来了程、朱、陆等"新儒家"。"新儒家不是凭空出现的，而是在举国人民抗金的潮流中产生的，也可说是'在朝'、'在野'儒家精诚团结的产物。它背后有人民的支持，有勇气、有智慧，尽管宋代最后亡于强大的外敌，但新儒家的思想，却永远长存（但决不能'定于一尊'）"，[②] 在周辅成看来，中国哲学的这一

---

① 周辅成. 周辅成文集（卷Ⅱ）[M]. 北京：北京大学出版社，2001：486.
② 周辅成. 周辅成文集（卷Ⅱ）[M]. 北京：北京大学出版社，2001：487.

成就正是民族力量的象征。他还澄清了人们的误解，"后来人，多不明白宋儒讲'理'的本意，只以为全是玄谈、'道学'，其实，不论朱子也好，陆象山也好，都是在讲'抗战心灵'（或心力）的形而上的基础，后来的王阳明也类似朱陆。"[①] 明代宦官假儒家之名设东厂、西厂和东林党为代表的儒家作生死斗争，朝廷标榜的是朱子理学，于是民间儒家及在朝有良知之士由继陆象山的心学转向王阳明心学，所以明代儒学由朝野之分变为程朱、陆王之争。清代统治者看到朱子理学可用来安"民"，用高压手段定"理学"于一尊，群儒只好以经学代儒学，变在朝儒学为在野儒学。清代文字狱对付反对派，惨无人道，无怪乎戴震说："在上者以理杀人"。

周辅成的"儒分朝野"思想的真正意义在于它是一把以百姓利益为裁判标准的尺子。他反对的是历代皇权专制统治者利用、曲解儒学以治国，大施淫威，压制百姓，反对那些依赖权势或借儒学之名"愚而好自用"的伪儒家，并不反对真正的儒家。"讲中国的儒家道统、传统，不分清这点，必定会分不清真儒家或假儒家或非儒家。以此而论儒，无不入歧途。"[②]

（三）"士志于道"

何谓"士"？孟子有言于《孟子·尽心上》："王子垫问曰：'士何事？'孟子曰：'尚志。'曰：'何谓尚志？'曰：'仁义而已矣。……居仁由义，大人之事备矣。'"那么什么是大人呢？"有大人者，正己而物正者也。"[③]（《孟子·尽心上》）在孟子看来，"大人"们的任务就

---

① 周辅成. 周辅成文集（卷Ⅱ）[M]. 北京：北京大学出版社，2001：487.
② 周辅成. 周辅成文集（卷Ⅱ）[M]. 北京：北京大学出版社，2001：488
③ 杨伯峻译注. 孟子译注 [M]. 北京：中华书局，2005：308.

是"格君心之非"，士、大人的天职就是指出和批评国君不仁不义的错误。所谓"道"，也就是先秦儒家的理想追求，也即孔子所言的"天道""斯文"。从孔子说的"朝闻道夕死可矣"到荀子的"从道不从君"，都在说一个"道"字，这个"道"就是"仁义"之道，"爱人"之道，重民、利民之道。它既是个人修养的最高境界，也是社会理想的价值目标，因此"士不可以不弘毅，任重而道远。仁以为己任，不亦重乎？"①（《论语·泰伯》）从孔子开始具有的儒家"士"的精神在之后的历代都有清流回响，之所以有"士志于道"，是因为他们具有深沉的忧国忧民的忧患意识和强烈的社会责任感。

孔子讲"士志于道"，意在强调儒家要保持对儒家精神价值的追求和坚持。这种坚持由于秦汉以后儒家思想发生了转折和变化而显得愈加重要。如果说暴秦焚书坑儒时儒家思想仍保留有先秦儒家"士志于道"的风格和锐气，那么到了汉代经过董仲舒的改造，它便产生了诸多偏离，使之在客观上成了君主统治专制的工具，尽管这种结果也未必是董氏有意为之。先秦时代，社会历史发展的趋势使得儒家面对"家天下"的实际情况，不得不采取弃"大同"而取"小康"的态度，并沿用西周"尊尊、亲亲、贤贤"的做法，依靠人之"内省"的内在力量，将德治主义确立为政治思想的最高原则。但是，到了董仲舒那里问题就发生了改变：他所讲的"尊君"已经不存在先秦儒家尊君的双重意义，他所尊的就是现实的君主。他并不像先秦儒家那样在心目中存有一个超现实的理想的君主，更不会另外标榜一个理想君主来和现实君主相对抗。他讲"君权神授"，认为君主代表天意，又拥有生杀予夺的权力。然而，现实当中君主也是人，是会犯错误甚至行恶的。董仲舒很少讲

---

① 杨伯峻译注. 论语译注 [M]. 北京：中华书局，2009：79.

"汤武革命",但对君王的制约问题又不能回避,他就用天人感应的理论,用天谴、灾异的办法对君权进行限制。荀子的"天行有常,不为尧存,不为桀亡"董仲舒未必不懂,因此,用灾异理论来限制君权究竟能产生多大效力,大概董仲舒本人也没有太大把握。董仲舒对儒家思想进行改造的结果是,最终这种君权神授的理论沦为了解释专制政权"合法性"的工具。

"士"作为原始儒家真实精神的坚持者,必然凝聚为一个群体,造就一种力量与上述专制的君权相对抗,从而形成一种监督和制约的因素。实际上,孔子之后历代都有这样的周辅成称为"在野儒家"的群体存在,他们是真正的"士",是"士志于道"的贯彻者。他们修己达人,心怀天下,悲悯苍生,为民立命,不畏强权,舍生取义。正所谓"千人之诺诺,不如一士之谔谔"(《史记·商君列传》),[1] 他们是专制暴政下的浊世清流,其"富贵不能淫,贫贱不能移,威武不能屈"的大丈夫气概和高尚气节绝非那些乡愿、犬儒们可比。

周辅成对先秦儒家思想的深入发掘,展示了他不同于其他现代新儒家的视角和观点。总的看来,周辅成也是从"内圣""外王"的方面分析、考察先秦儒家思想的,但是,他站在公正思想的立场,从"民惟邦本"的角度,用人道主义的观点分析和解释先秦儒家思想;从对天的不同解释和君子"内圣外王""上达"的方式入手,阐述儒家的道德思想和政治伦理,强调公正、正义在社会和政治中的重要作用。在他看来,儒家思想主要就两个大的方面的问题展开,一是关于个体的人,二是关于社会(群体的人),前者的主题是道德,后者主题是政治。而就"修身、齐家、治国、平天下"的理念看,两者是一体的,因为无论是

---

[1] [汉]司马迁.商君列传:史记(第五卷)[M].北京:中华书局,1959:2234.

个体的人还是群体的人，都离不开一个"人"字。修身的至高境界是"平天下"，"平天下"的出发点为修身，儒家思想天然地兼容了道德与政治，在这样宏大的社会与人生的背景下，"人"理所当然地是它的中心，无论是对"仁"的内向迸发还是"天下为公"的外向追求，都离不开人的生命存在意义。总之，先秦儒家伦理思想的研究过程中，周辅成在"为己""修身"的伦理道德视野下强调人道精神，在"为政""平天下"的政治视野下强调公正思想、以民为本，贯穿周辅成对儒家伦理思想发掘过程的中心词就一个"人"字，这就是他的伦理思想特色。

周辅成提出"儒分朝野"的思想意义在于，它表明了在皇权专制体制下知识分子的"士志于道"是对国家统治者和管理者的一种监督和批评，是强权之下的正义力量。人类社会的发展不能缺少政治和管理，问题的关键是以怎样的方式推选并产生其统治者和管理者，以及怎样确保统治者和管理者从根本上对百姓负责而权力也不会被滥用。如果仅仅依靠儒家的道德主义和人格力量，显然不能从根本上解决上述问题，而实现现代意义上的民主政道最终还是依赖于制度层面上的理论超越。因此，正如徐复观所说，单靠中国文化本身并不能转换中国的历史条件，只能寄望于"一治一乱"的循环，并不能解开中国历史的死结。周辅成也没有明确地告诉我们在今天的中国，儒家思想应该如何发展才能在人和人的解放道路上顺利前行。然而，我们相信，只要秉承"士志于道"的批判精神，坚守先秦儒家的最初政治理想和"为生民立命"的公正原则，儒家思想虽历经两千多年，但也必能以自身的包容性和开放性，融入民主、自由的现代文明之路。

第二节　周辅成对天人关系的再解释

哲学上的本体论和伦理学密切相关，"本体论为伦理学提供普遍性的前提，伦理学为本体论提供具体性的验证。"① 伦理学的本体论问题即康德所说的"道德形而上学"，对于中国哲学家来说，讨论最多的莫过于天人关系。大体上这一问题有两类观点：一类是"天人合一""万物一体"；另一类是"天人相分"或"天人交胜"。像很多传统儒学思想家一样，周辅成对古代天人关系的理解偏向于前者，他对中国哲学、伦理学视野下的天人关系也有独到的见解。

一、周辅成对中国哲学宇宙论的解析

中国哲学的天人关系以宇宙论为根基。周辅成在《哲学大纲》里把中外哲学的宇宙论分为唯物论、唯心论、心物二元论、心物一致论及多元论。中国哲学有着非常特殊的宇宙论，似乎不同于上述的各种理论，因为西方哲学的宇宙论不管怎么划分，总有一个特点，即是将人与宇宙分离开，以致宇宙精神和物质相异，其原因皆在于西方人是跳出宇宙之外看宇宙的，中国人则是首先把宇宙统而观之，把人上升到天人合一的境界，然后再统观宇宙万物，即是天人一体，人在天中，天人相通。正如程颐所说"一人之心，即天地之心"，有天人之合，天性即是人性，以有人与天地精神相往来，赞天地之化育，人乃宇宙生命的一部分，宇宙为大"我"，我为小"宇宙"。所以，一说到中国人的宇宙论

---

① 张岱年. 中国伦理思想研究 [M]. 上海：上海人民出版社，1989：189.

即谈天人关系，因为二者是不相分离的。周辅成把中国哲学的天人关系与西方哲学宇宙论相比较，得出了中国人宇宙论的几个特点，一是宇宙是心物"浑一"的。他说"浑一"而不说"一致"，意在强调心物一体。中国人把宇宙中的任何一物都看作生生不息的，正所谓"生生之谓易""生之谓性"。在古代"生"与"性"本是同一字，周辅成说："中国哲人之所谓'性'，乃是就其动点言，是指生生之源；故自来中国哲学上，无一哲学家不含有'生'之概念，亦无一不求说明'性'。严格言之，中国人的宇宙观，乃是唯性主义，亦可说是名副其实的唯生论。"[1] 这一结论很重要，可被看作中国伦理学心性论的出发点。二是中国哲学打通有限和无限为一贯的，以有限融于无限，无限亦融于有限。中国人的宇宙观只是创造而不是发现，创造是人参与其中，而发现则是人在其外。三是中国哲学里的宇宙具有道德性和艺术性。中国人认为宇宙一贯有道德的意义，宇宙是一切生命交流的过程。言其至善是因为宇宙生命本身无限前行，而不假他求。中国人从来不把万物看作冷漠而无情的外物，而是与之一同视为宇宙生命，因而中国人的生命哲学是积极向上、乐观和谐的。

周辅成对中国哲学宇宙论的大体趋势[2]的认识深刻而全面，阐明了中国人的宇宙生命的意义、"天人合一"的理念，从而达成有限和无限的贯通，表明了古代中国人的宇宙观所具有的道德性。由天人关系引出的道德论与西方的自然主义、理想主义道德论有很大差异。中国人认为像宇宙具有德性一样，人本身也具有一种向善的德性。不仅仅是儒家有

---

[1] 周辅成. 周辅成文集（卷Ⅰ）[M]. 北京：北京大学出版社，2011：254.
[2] 之所以说"大体趋势"，是因为在中国哲学史上还有相异于"天人合一"的天人关系哲学理论。例如，春秋时子产、战国时荀子、唐代柳宗元皆有"天人相分"的思想；唐代刘禹锡、明清之际王夫之皆有"天人相胜"的思想。

这样的思想，道家也有相似的认识："天道无亲，常与善人。"孔子就认为道德的意义不在求诸外，而在求诸有限的自身。人的行为是否具有道德意义就看其本身是否"尽其性"，因为"天命之谓性，率性之谓道"，如何尽性就是寻求绝对道德应遵循的道路。《中庸》那段为人熟知的话："喜怒哀乐之未发，谓之中；发而皆中节，谓之和。中也者天下之大本也；和也者天下之达道也。致中和，天地位焉，万物育焉"，很能说明中国人对绝对道德标准的追求过程。"君子依乎中庸"就是以"中和"为行为的标准，来作为对"君子""小人"的区分。"中"就是合乎规律，"庸"就是依恰当的秩序，用今天的话来说，就是宇宙的规律性"中"（天命之谓性）通过事物的运动变化（易）表现出来以达成"和"（率性之谓道）的作用。这种以"致中和"为道德理想的目标，其根据就是天人一体，无限、有限合一的认识。《易经·系辞》曰一阴一阳之谓道，继之者善也"，说明了宇宙一贯有道德意义，天理是善的，人性本于天理，因此也是善的，这就解决了善的根源问题。"天行健（乾），君子以自强不息；地势坤，君子以厚德载物"，天人一体，天人相通，人的德性来自天性。"天地有大美而不言"，哲学家、思想家"原天地之美而达万物之理"，阳明诗《赠阳伯》中的"阳伯即伯阳，伯阳竟安在？大道即人心，万古未尝改"道出了天道、人道的一贯性。

研究中国古代的天人关系是为了解决道德形上学基本的问题：人在宇宙间有什么样的地位？人类的道德有没有宇宙的意义？人类的道德原则与自然界的普遍规律有什么样的联系？哲学家们针对这些问题的道德立论，恰恰表现出哲学家们伦理思想的基本观点和理论特色。周辅成认为，儒家思想在汉代转折的根源就在于董仲舒建立起来的天的理论系统与先秦儒家的天人关系的认识有着较大不同。对于董仲舒的天人关系理论，汉代以降的诸多思想家多有论说，周辅成在他的论著《论董仲舒思想》里对董仲舒天人关系的分析评述,也表明了他自己的观点。

二、对董仲舒"天"的概念的解析

董仲舒所建立起来的儒家思想理论体系是中国儒家思想发展史上的一个转折,它使先秦儒家思想走入一个新的方向,在思想史上结束了子学时代而走进经学时代,他的理论思想也成为后来两千多年封建政权专制统治的解释工具。在中国哲学史上的诸多范畴里,"天"与"人"可谓是历时最为长久,这对哲学范畴比起"阴—阳""道—器""知—行"等著名命题,算是最为古老的,它的出现不晚于西周初期。中国哲学里的天人关系论是人生论的开端,而"天—人"观又可谓一个哲学家的世界观。尽管几乎每个中国古代哲学家对此都有自己的认识观点及诸多讨论,但对于董仲舒的理论来说,"天—人"观更具有举足轻重的意义,因为在董仲舒所建立起来的理论体系中,"天—人"观是其整个理论系统的思想基础,董仲舒的整个哲学思想(包括人性论、伦理观、政治思想、历史思想等)都是在"天—人"观的思想基础之上推衍而来,他的"气""阴阳""五行""灾异""法天"等概念也是在这个语境下言说的。

针对董仲舒的"天—人"观,不同的哲学家也有不同的解读和认识,对其进行比较,一方面彰显哲学家们各自的立论观点、思想方法、学术风格,另一方面也利于对董仲舒思想进行全面、深刻、公正的理解。周辅成对董仲舒的哲学有独到的解析。

儒家思想被董仲舒改造后,和政治结合,反映在政治理论上。从此儒家思想有了较为明确的分野,周辅成把先秦儒家称为"在野时期"。① 在汉以后的两千多年里,"在朝"儒家和"在野"儒家成为儒家思想发展的两条路线。杜维明把这两条路线概括为：一条是政治化的儒家,另一条是要以道德去转化政治,遂形成专制体制下的儒家的抗议传统。② 那么,这个"在朝"的儒家或者说"政治化的儒家"之所以不同,主要是表现于政治追求和其理论之不同。董仲舒建立起自己的"天"的哲学和"天人感应"的理论结构,并依此展开他对政治思想的论述,定位君主与"天"、民之间的尊卑关系。张岱年说："中国哲学之天人关系论中所谓天人合一有二意义：一天人相通,二天人相类。"③ 如果说孟子提出的"天人相通"具有一番意义,那么董仲舒的"人副天数"就具有了另外的意义。董氏"天人合一"学说建构的目的是为大一统的封建专制思想辩护,这很明显地表现在他对"君—臣—民"的关系论述上。正如前文所述,先秦儒家提倡尊君是有条件的。在他们的观念里有两类君主概念,一个是"内圣外王"的理想化君主,另一个是现实的君主,即当时有统治权的封建领主。在他们看来,理想中的君主必然得到绝对的尊重和服从。孔子曾说："周监于二代,郁郁乎文哉,吾从周。""从周"的什么呢？显然是指周反思夏、商二代灭亡的教训后,所制定的丰富的典章制度,这些典章制度与二代的最根本的不同就是"天命靡常"的主导思想,以及"天视自我民视,天听自我民听"的"敬德保民"的主张。在孔子看来,像周公这样的人就是理想君主的化身,一定要得到臣民的尊重,而对于现实的君主,人们不一定要尊重他,所以,《论语·先进》里说"以道事君,不可则止"④,孟子

---

① 周辅成. 周辅成文集（卷Ⅱ）[M]. 北京：北京大学出版社,2011：484.
② 韦政通. 董仲舒 [M]. 台北：东大图书公司,1986：2.
③ 张岱年. 中国哲学大纲 [M]. 北京：中国社会科学出版社,1982：173.
④ 杨伯峻译注. 论语译注 [M]. 北京：中华书局,2009：116.

说"民为贵,社稷次之,君为轻"(《孟子·尽心下》)[1],荀子说"从道不从君"(《荀子·臣道》)。董仲舒建立的天的哲学里不存在一个超现实的君主,他所说的"尊君"即是尊崇现实中的君主。在他的"天人合一"的理论里面,"民"的要求与现实君主的意志是合一的,不必再另造一个理想的君主与之相对抗。他把实现王道的希望寄托在现实的君主身上。那么如何保障现实君主"为政以德"的可靠性呢?董仲舒的办法是让君主对"天"负责,借"天"的力量来限制君权。他的"天"的哲学讲阴阳二气、四时之序、五行之气、人副天数、天人合一。所有这些意在说明:自然界有秩序,社会也有秩序,社会的秩序是法"天"的秩序,人君只能顺"天命"。而"天命"只在社会失去秩序的时候才出现,君主受天命的最根本意义在于"改制",如果不"改制",即使是受了天命,也是不合于天道的。董仲舒也说"天子不能奉天之命,则废而称公"(《春秋繁露·顺命》)[2],但是至于如何"废"、谁来"废"便语焉不详了。董仲舒非常重视"灾异"之说,因为在他的理论中这是对君主的约束。他对"灾异"所做的解释是"灾者,天之谴也;异者,天之威也,……凡灾异之本,尽生于国家之失"[3]。既有"国家之失",为人君者必须改正,若是不改正,就会出现"徭役众,赋敛重,百姓贫穷叛去,道多饥人"的状况,结果就是政权的垮台。董仲舒以如此严重的后果来警告统治者,也显露出他的一片苦心。

在董仲舒看来,孔子作《春秋》是为万世立法,《春秋》原则即"屈民以伸君,屈君以伸天",也即人民应当屈从于国君,然而国君必须按照天的意志行事,如果不是这样就要受到"天谴"。但是在周辅成

---

[1] 杨伯峻译注. 孟子译注 [M]. 北京:中华书局,2005:328.
[2] 苏舆. 钟哲,点校. 春秋繁露义证 [M]. 北京:中华书局,1992:412.
[3] 苏舆. 钟哲,点校. 春秋繁露义证 [M]. 北京:中华书局,1992:259.

认为,"屈民以伸君,屈君以伸天"没能也不可能更进一步揭示出一个循环,那原本天的意志就无以存在,因为"君心"便成了"天心"。可是他又要体现出"天心"即"民心",就只能依靠天通过"灾异"警告统治者的方式来表达了。这样一来,我们看到董仲舒的"天人合一"的观念只是以"(至高无上的)天→君→民"为形式的单一秩序的确定,而"民"的意志是不被尊重的,所以他们只是被统治者"君"所统治和奴役的角色。从本质上讲,"天"也就成了政治统治原则的神圣化,这样"天"的概念就失去了先秦儒家重民这一政治诉求的本意。所谓"罢黜百家,独尊儒术",所尊的"儒"是经过董仲舒改造过的"儒"。《春秋繁露》以《公羊春秋》为依托,隐去了先秦儒家的太平、大同、"革命"之义,以"天""气""阴阳""五行""灾异""法天"等内容,建立起一个"天人感应"的理论结构,董仲舒的政治思想、人性论、伦理思想都以此为基础。尽管如此,也不能说董仲舒的思想与先秦儒家毫不相干了。他在"三统说"上,也指出无万世一姓的朝代;所以有"天子不能奉天之命则废而称公"的断语。正如周辅成所指出的那样,董仲舒承认"经礼"之外,也有"变礼"的存在,他用"变礼"来解释朝代的变换,夏、商、周、秦最后都变为无道,因而该行"变礼",即换朝"革命",并没有说尧、舜、禹无道,该行"变礼",也只说君位的绝对尊严,并未指出任何君主个人该有无条件的尊严,因此他还是想把变礼的思想包含着"革命"意义。董仲舒的上述理论之所以表现为与先秦儒家的不同,根本原因在于,在董氏天的哲学里,其天人相通的方式与先秦儒家的认识有所不同,这从道德论方面能看得很清楚。

董仲舒把天命与人性看成道德生活的基础,是道德的最高原则。他的性命观是:"天令之谓命,命非圣人不行。质朴之谓性,性非教化不成，人欲之谓情，情非度制不节。"（董仲舒《贤良策三》）他应用《春秋穀梁传》上的话"人之于也，以道受命"，认为天道就是命，知天道就是知天命。西周之前，天主要指上帝，是人格化的至上神。作为相对应的概念，"天"与"人"较早地出现在《尚书》："予不敢闭于天降威，用宁王（指周文王）遗我大宝龟，绍天明（天命）。即命曰：'有大艰于西土，西土人亦不静，越兹蠢。'"（《尚书·周书·大诰》）[1] 而这里的"人"也不是指一般的民众，指统治阶层。而普通的百姓多是以"百姓""民"出现。春秋时期，国家化的宗教神学向人文主义思潮转变，"天—人"关系的观念发生了很大的变化。孔子没有明确讲"天"是什么，只是说："天何言哉？四时行焉，百物生焉，天何言哉？"（《论语·阳货》）[2] 但这也足以表明孔子并不把"天"看作超自然的上帝，而是自然存在。那么孔子是怎么把人与"天道"内在地联系在一起的呢？孔子之学，古人常常称为"为己"之学。他把践行"仁"看作"己"或者是道德自我的活动，他的后学所写的《中庸》较详尽地解释了"修身""求诸己"的路径，从"己"到"亲"，从"亲"到人，从人到天，以至于道德行为可以通天，合乎天"道"。天道是什么呢？就是《易经》所说的以"生生之德"表现出来的自然发展之"道"或者规律性。尽管如此，孔子很少言"天道"，因为仅仅"仁心"与"天"相接不能成为道德，道德是实践问题，要求道德自我发挥自由意志，在善恶之间做出选择，达到"成己"又要"成物"的目的。儒家思想"从孟子开始已经开出经由心性工夫才能上达天德的路，而董仲舒则视万物之生成、终而复始的过程都充盈着道德"。[3] 再

---

[1] 屈万里. 尚书今注今译 [M]. 上海：上海辞书出版社，2015：119.
[2] 杨伯峻译注. 论语译注 [M]. 北京：中华书局，2009：185.
[3] 韦政通. 董仲舒 [M]. 台北：东大图书公司，1986：67.

来看董仲舒，他也讲个人的修养问题，但是他不讲从人到天的"通道"。他说："仁之美者在于天，天，仁也。天覆育万物，既化而生之，有（又）养而成之，事功无已，终而复始；凡举归之以奉人，察于天之意，无穷极之仁也。人之受命于天也，取仁于天而仁也。"① 在这个问题上，他发挥了其"天—人"学说，一方面认为王教或教化是顺天命而来，这是"天"的要求，另一方面又认为人类既为万物之贵者，就不是被动地顺天命，天命也不要人类被动地顺从，人类本身自有意志，然而这个意志的发挥就是天意的发挥，因为人的意志就是"天志"的一部分。从某种意义上来讲，这是对儒家"修己"与"治人"思想的割裂，在传统儒家看来修己与治人是一个事情的两个方面，也即是一件事情的"终始""本末"，内圣与外王是它的表里，然而在大一统的封建专制权力下，即便是人人修身都能成为圣人，也难以成为"人主"以"治国、平天下"。因此，在董仲舒那里，只说"人受命于天，取仁于天而仁"，② 而不再讲"修己"以达"天德"的通路。周辅成认为，事实上董仲舒的"天"已经改变了相对于"人道"的"天道"本身所具有的公正性。先秦儒家的天道观最终是归复于"人"或"民"，而董仲舒的天道观则不同，他说的"天志"便不具有这样的性质。

事实上，董仲舒思想是复杂多样的，既包含有利于人民利益的思想方面，又包含与之相反的方面。由于强调从人民利益出发，加之当时"阶级斗争"的政治运动背景（《论董仲舒思想》一书于1961年由上海人民出版社出版），周辅成对董仲舒在"天"的哲学基础上所建立的政治理论、社会伦理多有指责和批评，并把董仲舒列为"反动的、唯心

---

① 苏舆. 钟哲，点校. 春秋繁露义证[M]. 北京：中华书局，1992：329.
② 苏舆. 钟哲，点校. 春秋繁露义证[M]. 北京：中华书局，1992：329.

<<< 第五章 周辅成对儒家伦理思想的全新解释

主义的代表人物"。① 周辅成对儒家思想里"仁"的认识和理解是有思想变化的。他在《论董仲舒思想》一文里认为,"仁"不是属于自然界的范畴,而是属于社会的范畴,而且"仁"又是有阶级性的。而周辅成在后来的《孔子的伦理思想》(写于改革开放后的1989年)一文中,对孔子的"仁"进行了较为全面的考察,认为"仁"这一概念的出现是中国"天人合一"思想哲学发展而来的结果,而且依照他本人在20世纪40年代所写的《哲学大纲》中对中国古代天人关系的理解来看,他是主张"天道"即"人道"的。由此可知,他最终还是认为"仁"的观念就是来自"天道",这个"天道"是不应当用自然科学的理论来考察的,因为它既具有唯物的性质又具有唯心的性质,抑或说它既不是唯物的又不是唯心的,而是一种唯"生"("性")论。因此,他在《哲学大纲》这本书里说:"这种心物浑一的宇宙观……比较西洋偏狭的唯心论、唯物论固为圆满得多;即西洋的心物并行论、心物一致论,也不可与我们的唯生宇宙观——心物浑一的宇宙观同日而语了。"② 虽然董仲舒的"仁"的观念与孔子所言"仁"的观念相比已经有所变化,但其基本内涵还是有所传承的。因此,讲"仁"的阶级性,一方面是对董仲舒这样的古代思想家有所苛求,另一方面也与周辅成自己先前有关中国古代天人关系的阐述有所矛盾。正如史学家张恒寿所说,不能简单以自然观的唯心唯物来判断一个思想家的进步或反动,(董仲舒的)天人感应理论主要是为了限制君权。退一步讲,即便是完全按照唯物主义观点去考察,也有的学者认为董仲舒"天不变道亦不变"的思想也是符合唯物主义理论的(例如哲学史家严北溟),甚至经学家周予同在

---

① 周辅成. 周辅成文集(卷I)[M]. 北京:北京大学出版社,2011:559.
② 周辅成. 周辅成文集(卷I)[M]. 北京:北京大学出版社,2011:254.

他的《经学史讲义》里说周辅成在1961年对董仲舒的批判是错误的。在笔者看来,周辅成对董仲舒的批判和定性表面上是由于董仲舒的"唯心主义"性质,而实质上的原因是董仲舒对儒家思想的改造改变了先秦儒家的"天下为公""民惟邦本"的基本精神。每个学者(有史学家、经学家,也有像徐复观这样的现代新儒家)都是站在不同的立场,以不同的观点对董仲舒进行评判,所得出的结论不尽相同或大相径庭也不足为奇。不过,这也说明一个问题,20世纪60年代周辅成单纯以唯物主义观点对董仲舒思想所进行的批判也有值得商榷之处。

在周辅成看来董仲舒的思想与儒家内在的精神有所背离,但从伦理学的形上意义上来看,董仲舒"天"的哲学也有它的积极性一面。古代的天的观念所具有宗教意义演变为具有道德价值的意义,春秋时期,天是礼的价值根源,儒家认定为道德的最高依据。《易经》里"天行健,君子以自强不息;地势坤,君子以厚德载物"的话表明,君子的道德品德是来自天地的;《孝经》说"夫孝,天之经也,地之义也,人之行也,天地之经,而民是则之"[1](《孝经·三才章第七》),意即孝的根源来自天。至于墨子以兼爱为天志,老子的虚静也无不说明了天的价值意义,尽管荀子在述说"天人相分"的思想时论及自然意义的天,但"绝不意味着天与人之间关系的断绝,以至于成为截然对峙的两极"[2],而天人之关系依旧是"天地生君子,君子理天地。君子者,天地之参也,万物之总也,民之父母也"[3](《荀子·王制》)。由此可见以天为道德价值因素的根源并不具有西方哲学里面的逻辑意义,因而人

---

[1] 宫晓卫,注译. 孝经注译 [M]. 济南:齐鲁书社,2009:10.
[2] 储昭华. 明分之道——从荀子看儒家文化与民主政道融通的可能性 [M]. 北京:商务印书馆,2005:158.
[3] 梁启雄. 荀子简释 [M]. 北京:中华书局,1983:109.

第五章 周辅成对儒家伦理思想的全新解释

们也无法追问为什么"天行健"而君子就应该"自强不息",所以徐复观说董仲舒之前的这些天的意义只是由情感、传统而来的"虚说",没有人在这种地方要求证验,只是到了董仲舒,才在天的地方追求实证的意义,把阴阳、四时、五行的气认定是天的具体内容,进而延伸为人性、伦理、政治思想的基础,以天贯通一切,构成一个庞大的体系。

中国古代伦理政治化,政治伦理化,从董仲舒建立天的哲学的目的来看,他还是通过讲天人关系来诠释一个儒家的政治学说,实现为大一统专制统治服务的理论诉求。在天人关系上他并不积极探寻一个形上的本体,而是通过阴阳、五行、气、人副天数等观念,以"天人感应"说把人与天相连以达到天人合一的目的,以"法天"树立起"人主"的权威,又用"灾异"说形成对"君"的制约。徐复观说,董仲舒(以及两汉思想家)所说的天人关系是通过想象建立起来的,不是具体与具体的联结,而是一端是"有",另一端是"无",通过想象把有形和无形、人和天在客观上联结起来,这中间便没有知识的意义,不能受合理主义的考验。尽管如此,董氏天的哲学重点体现出了由人推向天,他的立足点是人而非天,较之西方由推理所建立起来的形而上学,董仲舒的理论更具有其真实性,因为人是具体而真实的。"董仲舒以前的天,与人总会保持一个相当的距离,这在人格神的天固然如此;即在道德法则性的天,也是如此。……在现实上,除了圣人外,亦必与'纯亦不已'的天道、天德有不能几及的距离,而有赖人的永恒追寻。但董氏从形体生理上,把人说成与天是完全一致,这便把天与人的距离去掉了。"[1] 这是先秦儒家天人思想所不具备的。

---

[1] 李维武,编. 两汉思想史(选录):徐复观文集(第五卷)[M]. 武汉:湖北人民出版社,2009:306.

三、对"天"的政治哲学意义的阐发

"天"的观念和对天人关系的认识是中国哲学里重要的思想观念,它甚至影响着中华文明的发展。对其进行阐发和解读,既是人们探索文化发展当中人与自然、人与人的关系之路,也是在此文化背景下为社会找到适合于自身发展途径的需要。在科学昌明的今天,也许自然科学的因素从外在形式上彻底瓦解了传统的"天"的观念,但是作为形上意义上的哲学范畴,它依旧对文明的发展有着不可或缺的作用,因为在此基础上生成、发展起来的文化形态,无论以怎样的方式继续前行都不可能切断传统的血脉。董仲舒"天"的哲学的构建完成了对儒家思想的巨大改造,为了适应大一统专制统治的政治需要,他以《公羊春秋》为依托,创造了一个不同的"天"的哲学系统,使儒家思想同封建国家政治的至高权力结合在一起,同时也展现了不同于先秦儒家的基本精神,正因为如此,周辅成从天人如何相通的角度出发,在分析董仲舒的天的哲学思想时,更多地看到的是经过董仲舒改造过的儒家思想与先秦儒家思想的相异之处,依然坚持先秦儒家内圣外王理想主义的儒家成为"在野"的儒家,他们设法用道德去转化政治,形成一种在专制体制之下监督和对抗的传统。当然这两种传统都试图把德治、民本这些儒家思想作为目标加以追求,至少从表面上看是这样。

历史地看,儒家的政治化是个现实的选择,由于国家层面的大一统政治局面的形成和皇权专制统治的巨大威力,使得先秦儒家内圣外王的理想主义追求愈加难以实现,以个人修身至于"外王"的思想力量已无法消解和制衡阻拦实现"天下为公"政治理想的破坏力量,因此董仲舒天的哲学和他对儒家思想的改造是一个转折也是一个发展,正因为如此,徐复观先生在考察董仲舒的天的哲学时,更多地看到的是董仲舒

第五章 周辅成对儒家伦理思想的全新解释

对儒家思想继承和坚持的一方面。他认为董仲舒肯定大一统的专制政体并不等于他肯定了"家天下",在他的天的哲学里依然保留有"天下为公"的政治理想。

如前文所述,周辅成对董仲舒"天"的思想进行了不同角度的分析,考察了问题的不同方面。但是周辅成、徐复观二人的思想方法有共同之处,就是两者都是从民本思想的态度和立场上完成对董氏"天"的哲学的思想考察。正如徐复观指出,"儒家所祖述的思想,站在政治这一方面来看,总是居于统治者的地位来为被统治者想办法,总是居于统治者的地位以求解决政治问题,很少以被统治者的地位去规定统治者的政治行动,很少站在被统治者的地位来谋解决政治问题",[1] 即使是周辅成所说的"在野"儒家能更多地从人民利益的立场出发,提出谋求政治问题的解决办法,然而在专制政治之下,在帝王垄断天下权力、人民处于服从地位的情况下,也根本形成不了对至高无上权力的制约机制。问题在于,在董仲舒所主张的"王者配天""人主法天以成君道"里面,"人主"所法之"天"是什么样的"天"?在专制的王权之下,"天"的解释权为专制统治者所掌握,而那些"天生烝民"只能是听"天"由命。事实上,在两千多年来的皇权专制统治下,以"天道"为幌子践踏人的生命、权利和尊严,"以理杀人"的惨剧屡见不鲜,这或许是所有问题的关键,即制度本身所造成的权力无法得到制约的事实给专制统治者留下了为所欲为的余地和空间,而人对无限权力追求的自私本性却是无孔不入,这是专制制度本身无法破解的难题。

---

[1] 徐复观. 儒家政治思想的构造及其转进: 学术与政治之间 [M]. 上海: 华东师范大学出版社, 2009: 54.

185

第六章 周辅成伦理思想的理论实践意义及留下的问题

第一节 对弘扬儒家文化的启迪意义

整个 20 世纪的中国历史是中华民族"千年未有之大变局"历史的展现,是一幅在经济、政治、文化上与西方交流和交锋的波澜壮阔的图景,也是中国人探寻这个历史悠久的文明古国以何种方式和姿态融入世界的过程,周辅成的人生刚好是跟这样一个时代重合。周辅成在西方哲学上的成就是毋庸置疑的,然而他内心一直把"为生民立命"作为自己学术生命的追求,把西方哲学、伦理学的观念和思想与中国传统文化相融合,建立起既符合一般价值理念又能解决中国现实问题、既有益于提高国民道德素养又能增进中国人福祉的伦理学观念,因而从根本上说周辅成仍然是一位中国传统意义上的名流大家。尽管他与其同辈的唐君毅、牟宗三等人相比走了不同的学术道路,但本书仍然认为他是现代新儒家的又一代表。与唐、牟等现代新儒家相比,周辅成经历了各种政治运动和改革开放的过程,对社会发展的现实、儒家思想在我国的命运、政治生态与儒家思想发展的关系等都有更为深切的了解。更重要的是，在生命的晚年，他亲身经历了改革开放30年的历程，目睹了在经济繁荣外表之下的各种社会问题和人的生存状态。周辅成正是从这些道德与政治的乱象中，从自我的亲身经历中，体会到儒家伦理思想精义对于当代中国现实的伦理价值意义，认识到强调公平正义、讲求人道主义对于当代的中国社会是何等的重要。他把政治和道德的问题归结于人的问题，认为自由、民主、权利的观念是人在自身发展和自我解放过程中必要的思想力量，社会公正和正义不仅是维持社会秩序的需要，也是人的价值和人格尊严得以尊重的根本保障。

中国香港和台湾地区现代新儒家当中的唐君毅、牟宗三、徐复观三位学者，都出于熊十力门下。三位学者学术风格各不相同，唐君毅被称为"仁者型"儒家，牟宗三被称为"智者型"儒家，徐复观则被称为"勇者型"儒家。而作为哲学家、伦理学家的周辅成在儒家伦理思想观点和学术风格方面恰恰表现出融合三位学者各自特征的综合特色。

周辅成与唐、牟是好友。他们私交甚笃，学术交往上往来甚多，在思想上多有相通之处。唐君毅建立健全的人道主义哲学体系为周辅成所认同和赞赏。他评价唐的哲学时说，唐君毅积极坚定站在儒家的立场上，主张道德价值是价值的中心，建立了健全的哲学体系。在唐君毅的哲学体系内，个人作为一个有限者从"我"的"道德自我"或儒家的"尽性立命"出发，体悟到宇宙间有一超自我的无极又是太极的真实力量指导"我"和世界，这本身就是一种人的自觉或自觉的开始。"他通过'自觉'（道德自我之建立）、'觉他'（行仁义），而后通天地、合内外，贯通人我。凭借道德自我的'三向''九境'以窥'人极'（人类最高的真善美的典范）之美，广传'人极'所带来的智慧（注意：不仅是智识），为'大同''兼爱'，（以至今日流行的所谓全球化）建立稳固的哲学基础,说明大同是可能的,社会和谐是可能的。"① 周辅成认为儒家"仁"的思想特点便是道德的自觉,他对唐君毅的人道主义哲学体系的赞赏表明了他有与之相同的观点。

牟宗三的哲学路径是从逻辑领域进入哲学领域,从认识论到道德主体的确立,最后由道德形上学走向圆善和圆教,先由中学入西学再从西学入中学,贯通中西以建立哲学系统。他认为先秦儒家思想从孔子那里开始就是仁智合一的文化系统,孟子所确立的道德主体,凸显了孔子的仁,由形上心、道德心成就主观精神;而荀子所确立的知性主体,凸显了孔子的智,由认知心、逻辑心成就客观精神。牟宗三的道德形上学的三个前提命题中的第一条就是德行优于知识。闻见之知是德性之知的副产品,人性和人格的尊严都是由道德而建立,道德是社会正常运转不可或缺的"文制",它是生民之本也是现代文化之本,也就是张载所说的"为生民立命"。周辅成说自己一辈子研究康德哲学就得出一个"人"字的结论,可见他与牟宗三在哲学上的心息相通。周辅成和牟宗三在二十世纪八十年代还常有书信往来交流学术,牟宗三的哲学著作对应康德第一批判的《现象与物自身》和对应康德第二批判的《圆善论》,在写出后读者很少,而周辅成却是其知己读者②。周、牟二人都有用康德哲学审视儒家思想的特点,尽管周辅成没有像牟宗三那样建立一个哲学体系,但周辅成的思想同样表现出自己独特的、融通中外的学术特点,他更多地从康德"人是目的"的思想角度出发,强调儒家思想里的人道主义精神和人文关怀。在启蒙思想的视野下,周辅成指出孔子"仁"的思想里有关天的宇宙论、世界观的确立形成了"人道"与"天道"

---

① 周辅成. 周辅成文集(卷Ⅱ)[M]. 北京:北京大学出版社,2001:554.
② 见儒家网(http://www.rujiazg.com/article/id/6956)独家披露的《牟宗三先生致周辅成之书札两通》。

第六章 周辅成伦理思想的理论实践意义及留下的问题

合一的观念,为反省道德的"己"的意志自由扫清了障碍。他还认为,在孔子的反省道德"仁"的观念中,除了"仁""智"的作用之外,"勇"也是不可或缺的一个重要因素,并评析这种观念结构与古希腊伦理观念的相似性及不同之处。更为重要的是,他强调了道德的自我实现,"仁以为己任"必定是以公平、公正为原则,道德的最高层次是"修己以安百姓",从而一语道破君子"上达"的真实意义。

虽然周辅成与徐复观在学术生涯上交集不多,但是二人在个人性格和对于一些问题的观点上是非常相似的,都体现出一个"勇"字。正像李维武教授对徐复观的评价:"他的人生、他的思想、他的心灵总是时时与时代相通的,总是面对动荡的时代而难以平静的。敢于论争、敢于批评、敢于打抱不平。"[①] 徐复观在政治上把儒家的抗议精神与自由主义的立场结合起来,而在文化上为儒家文化在现代社会中的生存发展而辩护。在哲学思想上,徐复观一反其师友的重建中国哲学本体论的方向,而主张消解形而上学,把哲学拉回到现实生活当中来。虽然否定形而上学的学说有其理论缺陷,但它却显示出了哲学与现实生活紧密联系的重要性。同徐复观相比较,周辅成则是把儒家传统的抗议精神纳入他的"儒分朝野"的观点里,以正义为标尺,以利民为原则,从而更清晰地揭示了儒家思想主张公正、以民为本的真实追求。

谦逊正直、虚怀若谷是周辅成的性格。他也以这样的态度对待自己的学术成果,似乎有孔子所言的"述而不作"的学术风格。"述而不作",不应该仅仅被视为一种谦虚的态度,其实它更是儒家思想精神的反映。在儒家看来,其所宣扬的仁爱礼义乃是融为一体的天、地、人所固有的"道"的载体,儒家认为他们所做的事情无非是彰显其"道",

---

① 李维武. 徐复观学术思想评传 [M]. 北京:北京图书馆出版社,2001:33.

而并非自己创造"道",因此"述而不作"是相对于"道"而言的。孔子"删诗书,定礼乐",正是在"述而不作"的过程中确立了儒家思想的价值观念标准。周辅成深谙孔子"述而不作"的精神内涵,他的论著多以总结、评判、发掘为主要特点,而很少尝试建立一个哲学体系。另一方面,他认为伦理学乃是践行之学,一个哲学家应该像熊十力所说的那样,做到"人格与学术不二"。在他看来"学命一体"是一个哲学家最为宝贵的学术品质,就是要把学术上的思想精神和价值追求落实到自我实践和行动上。在中国历史上包括儒家思想的创始人孔子在内的很多哲学家、思想家都是以这样的方式"行不言之教"。对"道"的探索、对"仁"的追求不是单靠口头上的言语或书本上的文字,"纸上得来终觉浅,绝知此事要躬行",它总是需要人在实践中的"体悟"才能达到目的。在周辅成看来,作为实践之学的伦理学,其用途就像指导创作实践的文艺理论。世界上伟大的作家、画家,很少是受"作法""指南"的影响而成为大艺术家的,同样的道理,世间没有道德宣教,照样出感人英雄,相反,尽管有了很多伦理学著作、讲座,未必会出更多的有德之士。[①]

在一段时期里,重视元典研究的热潮兴起,有人呼吁我们应该回到"轴心时代"来理解中国文化,因此对先秦原始儒家思想的研究受到关注。面对中国现实的政治境况,越来越多的人开始从中国思想文化的源头来探索今天所讨论的民主政治问题。儒家思想当然不是一个新话题,对它的讨论持续了两千多年,只不过是讨论它的人们是从不同的角度出发和在迥然相异社会制度和政治生态环境下进行而已。真正的现代新儒家们尤其是中国香港和中国台湾地区的新儒家自辛亥革命、五四运动以

---

① 周辅成. 论人和人的解放 [M]. 上海:华东师范大学出版社,1997:75-79.

来就一直朝向这个方向，即为实现儒家思想的现代转化而努力。世界范围内以民主、自由、人权、法治为主要内容的现代民主政治日益发展，时代的进步和历史的潮流让我们重新审视中华文明"轴心时代"文化智慧的原初思想。这一思想探索的真正意义在于：首先，在区分开古代伦理、政治一体化的伦理政治和今天所言的法理政治根本不同的基础之上，探究先秦儒家"以民为本""民惟邦本"的政治思想来源，为今天的民主政治所借鉴；其次，在家国同构的社会政治结构不复存在的情况下，探索伦理学里的"公正"和"至善"概念如何进入民主社会的公共政治领域，使儒家思想的精粹发挥作用，从而实现儒家思想的现代转化。周辅成以西方文明优秀的伦理思想和观念来反观和解析中国儒家伦理思想精神，恰恰体现出以上两点。

近代以来，中国古代的伦理政治似乎已经被构想中国政治出路的社会各阶层人士所遗忘，而且往往被看作实现中国现代化的一个很大阻力。然而，当今天法理政治的实现举步维艰的时候，中国现代化的进程使我们不得不回过头来，重新审视中国古代的伦理政治和它的基本思想。作为伦理和政治合一的政治形式在中国存在了几千年，固然有其合理的必然性，但问题不在于找到这个合理的必然性，因为那种必然只是和中国古代的社会经济状况、社会结构相适应；问题更不在于如何为那种合理的必然性作无谓的论证，因为中国古代的家国一体跟现代民主制度的根基无法融通；真正的问题在于探索究竟是哪些力量产生和促进了这种合理的必然性，及如何发掘其内在的永恒精神价值，为今天中国的现代化民主道路提供理论支撑。中华民族是世界上最优秀的民族之一，中华文明里的内在的永恒的精神价值，一定是人类社会所共同表现出来的特征。事实上这种探索一直都在进行，现代新儒家就是这样一个群体，他们以儒为宗，秉承儒家知识分子"以天下为己任"的传统，融贯中西，对儒家精义阐释发明，各显其功。他们还把儒家思想与西方哲学、现代民主政治相互贯通，提出新的理论。牟宗三以康德哲学的视角审视儒家的心性论，以《道德理想主义的重建》《历史哲学》《政道与治道》来构建新的政治理论；徐复观以儒家伦理政治思想对接西方的民主、自由、人权，论证了儒家思想与现代民主社会的兼容性。而周辅成又似乎与众不同，他以人的普遍价值观念作为伦理基础去关照广大人民群众的真实道德状况，追求人道和公正。

周辅成的伦理思想为我们今天发掘儒家伦理思想提供了另一个很好的思路。他从中西方人学观念的共同性——对人的重视作为出发点，以共同的人性作为视角，审视和弘扬人的尊严和价值。在他看来，无论人类社会的经济怎么样发展，社会政治制度如何变换，人的尊严、人的权利、人的地位始终应该是第一位的，人格必须得到尊重。如果说西方文明对人的价值的尊重是随着文艺复兴和启蒙运动经过血与火的洗礼得出的结论，那么古老的中国哲学和中国文化的基因里就有对人的价值和尊严的肯定。无论是对儒家原初伦理思想形成的考察还是对先秦元典的深层次解读，无论是对中国古代哲学里的"天—人"关系的认识还是儒家思想里"仁"的本质以及"以民为本"观念的产生，都能够看到这一明确的思想理路。

第二节　指明了中国伦理学的未来发展方向

作为新中国伦理学学科的奠基人之一，周辅成对二十一世纪的中国伦理学发展充满信心。过去那种违反伦理学学科发展规律，缺乏学科常识的内容架构，照搬照抄苏联伦理学教科书的做法必将逐步消除。他说:"伦理学的发展是随着社会的进步和人民群众道德生活的实际需要而发展的,必须讲出符合一般人性、讲究人道主义、追求社会公正的伦理学特点。我们应该不惮借鉴古今中外的伦理学思想精华,为人的基本权利和人民的利益而创建新的伦理学理论。另一方面,我们也不能不看到西方一些伦理学理论的缺陷而原封不动地照搬西方伦理学。"他说,"二十世纪的西方伦理学的发展也是十分空虚的。逻辑分析学派(或元伦理学)基本上把一些基本的伦理学概念和范畴破坏或拆散了,给伦理学理论的重建带来诸多麻烦。尽管罗尔斯的正义理论让道德哲学不仅和道德规范联系起来,而且还和政治、经济等其他社会关系联系起来,但也不是十全十美。"他认为罗尔斯所言说的"正义"只是在法律政治范围的正义,而非完全是社会的公正(或称之人民的公正),这说明罗尔斯对社会主义的现实情况不是很了解。此外,中国的新伦理学也不能照搬祖先传统的东西,因为时代和历史文化环境无时无刻不在发生着变化。

周辅成说:"实际上,古往今来,那些为正义而牺牲的革新战士,无一不是从社会中锻炼出来的。我希望未来的伦理学,一定要从这类事实中去寻找道德原理,不要从书本或死教条中去找道德原理。应该牢记住:仁义是合一的,个人与社会是合一的,内心和外界也是合一的。道德、社会公正,是活的,不是一堆死的抽象概念,更不是一堆'主义'。"[①] 他的话振聋发聩,应该引起每个愿意发现真理、追求真理、献身于真理探求的人的思考。正确的人类道德思想的形成也是人们对社会公正的追求过程。人类既要在社会发展中张扬自己的生命力量,又要在此过程中克服人本身的局限性完成向真善美追求的超越。人性本身的局

---

① 周辅成. 周辅成文集(卷Ⅱ)[M]. 北京:北京大学出版社,2011:453.

限性表现出来的贪婪、凶残、自私不是一下子就能消除的，实现完全的社会公正任重而道远，它需要经过追求正义的人们无数的抗争甚至流血牺牲。历史上的那些从人民当中走出来，名垂千古的有志之士已经做出的努力，他们是我们的榜样。这些古今中外先圣先贤的精神才是人类社会存在的灵魂。人类在不同的历史发展阶段下道德或伦理学的重心也是不一样的，二十一世纪的中国伦理学不能只是"爱人之学"和"利他之学"，还应该成为社会公正之学。他主张以培养正义感来推进社会公正的发展，否定像古代封建王权专制那样依赖统治者来发布道德法典或道德规范的做法，因为真正的道德观、正义观来自人民。我们研究和发掘中国古代儒家伦理精神里的优秀思想，就是要做到古为今用，用古人的智慧加上我们的聪明才智，把伦理学建设成一个讲义讲仁的"社会公正"之学。

古人有很多宝贵的思想值得我们学习。在先秦儒家思想观念里，统治者一定要以社会公正作为执政原则，以"民惟邦本"作为基本的执政理念。虽然古人的"民本"不具有现代民主的意义，但它不失为古代社会民主的重要表现形式，同时儒家的仁爱观念也具有人道主义性质，因此这些思想为我们建立新的伦理学理论具有不可替代的借鉴意义。

中国伦理学既然要有特色就必须有创新，在创新过程中，要避免"复古风"和追逐"西风"，而且要鼓励学者们为建立新伦理学的理论所做的探索。为了避免"复古"风气，新伦理学理论一定要有健全的哲学基础。伦理学的研究必须注意它和哲学上的本体论、宇宙论、认识论、美学等学说之间的关系，周辅成在伦理学研究中就十分重视这个问题。比如，他对儒家伦理思想的探索和解读十分深入而全面，既有在天人关系上的宇宙论探源，又有对仁爱观念形成的认识论阐述；既有在

<<< 第六章 周辅成伦理思想的理论实践意义及留下的问题

"天人合一"方面的宏观理解，又有对仁、智、勇、忠等概念的微观辨析；既有对中国哲学特点的准确把握，又有对西方哲学的理念和方法论的巧妙运用。他十分赞许后辈为推动中国伦理学发展、理论研究所取得的成绩。程立显博士的英文版专著《西方社会公正思想》在中国香港出版的时候，他热情洋溢地写文章表达了自己的欣喜。他肯定了作者在公正类型上提出这样的独特见解：政治公正、经济公正、教育公正等各方面的公正是社会公正的"内容"，而道德公正和法律公正则是社会公正的两种"形式"，唯有"内容公正"和"形式公正"的统一才能通向真正的社会公正。他认为这部书推进了公正理论学术领域的研究，展示出中国哲学学者同西方学术平等对话的潜力和前景。

社会不公已成常态的时候，社会公正就是最稀缺最需要的价值观念。有良心、有社会责任感的知识分子应该担当重任，在自己的学术空间做出力所能及的建树。受到社会风气的影响，学术界的一些人满脑子都是名、利、权。面对这些乌七八糟的丑恶现象，时年九十六岁的周辅成激愤不已，他在一次采访中说："现在的时代似乎不是做学问的时代，做学问的人没有市场，没有学问的人满天飞。这不是出人才的时代，却很像是毁人才的时代。"沧海横流方显英雄本色，他认为正因如此，正直的知识分子更要有责任担当起为正义而呐喊的使命。"为生民立命"，像先秦儒家一样"士志于道"，心怀天下，悲悯苍生。但是他不认为社会道德的沦丧与改革开放有直接关系，"礼失而求诸野"，伦理学来自人民的实践，是人民的道德生活理论。伦理学是从属于哲学的一门学科，必须用哲学方法或科学方法研究，伦理学讲"善"，涉及人的实践或行为，也即是善行如何能得以实现，使人的行为成为道德的行为。但是，这一切必须以人民群众的道德生活实践为基础，必须面向人民大众、以他们的利益为根本出发点。伦理道德不是空喊口号或者空谈某种理论,要顾及实践。我们不可以将一个不能够用于实践的规则作为道德的规范或原则,伦理学理论只能在人民群众实践中发挥它的适当作用。周辅成说:"伦理学就是一般人民的道德行为之学,你不承认人民是在过道德生活,你就只能讲极少数人的'英雄'伦理学或天使伦理学。这样的伦理学……一般人民是不会欣赏和关心的。"① 正像有的哲学家把人称作政治的动物、宗教的动物一样,人也可以被称作道德的动物,因为社会中人不仅仅需要有政治管理、信仰和精神的皈依,还要有高尚的道德情操和向善的终极追求。尽管伦理学最初的含义与风俗习惯相关,但是我们不能把它理解成"风俗习惯科学",因为它是从人民的道德生活或行为中找出的人民实践道德所取的经验及规则,这才是真正的道德行为规则。道德行为规则并不就是所谓的社会规则、政治规则,其他规则可以影响道德规则,但决不能代替道德规则。周辅成说:"人民的伦理学研究要扎根于人民,道德是社会中的力量,是人本身的力量,人本身若无道德要求,任何力量也不能使他变为道德的人。"② 他坚决反对将人类特殊情况下产生的特殊道德作为人类普遍的道德准则和典型。

伦理学学术研究与现实政治之间必须保持一定的张力,这样伦理学学术研究才会有一定自由的学术风气和空间。新中国成立以后,起初把伦理学看作是"资产阶级"的东西而禁止研究,后来根据"政治斗争"的需要,又把政治上的"阶级斗争"理论作为伦理学研究的风向标。作为从哲学独立出来的一门研究人类道德现象和道德规律的社会科学,一度失去了它应有的学科独立性,甚至完全沦为了"政治斗争"的"婢女"。这对一个哲学学科来说,不能说不是一个时代的悲剧。

---

① 周辅成. 周辅成文集(卷Ⅱ)[M]. 北京:北京大学出版社,2011:353.
② 周辅成. 周辅成文集(卷Ⅱ)[M]. 北京:北京大学出版社,2011:354.

<<< 第六章　周辅成伦理思想的理论实践意义及留下的问题

　　中国古代先秦儒家的政治理想是，通过人君帝王循天道、守公正而达到"天下为公"的、和谐有序的大同世界，实现一个"天下有道"的社会，同时，人君帝王和统治阶层的政统也必须朝着"天下有道"的目标而努力。事实上儒家的"内圣外王"的思想已经把这种现实政治纳入了伦理道德所追求的理想目标，这样一来，就产生了"道统"与"政统"的关系问题。如果二者发生了矛盾，先秦儒家主张"从道不从君"。到汉代，由于大一统专制统治的需要，统治者定儒学为一尊，至少是表面上认可了当时的儒家思想。不过，这时的儒家思想已被董仲舒重新塑建，以儒家思想的合法性来稳固皇权专制统治政权本身在人民心目当中的合法性。至此，儒家的朝野之分趋于明显，"道统"与"政统"关系复杂化，当二者发生了矛盾，"在朝"儒家有可能以"政统"即"道统"的托辞加以掩盖矛盾，削弱了"在野"儒家对统治权力有限的监督作用。毫无疑问，在儒家伦理文化里，"在野"儒家所秉承的这种价值追求和传统是非常难能可贵的。

　　像古代中国文化传统一样，在现代文明的环境下，伦理与政治也常常是密不可分。从中外伦理学发展史来看，无论是古希腊亚里士多德的《尼各马可伦理学》，还是中国先秦儒家以"仁""义"等观念为载体的伦理学，都具有对现实政治的超越性意义。同时，由于伦理学本质的内在要求是对"至善"的追求，因此它理所当然地对现实政治具有批判性，这也是伦理学之所以成为伦理学的根本所在。就伦理学与政治的关系而言，它的存在意义不是为合理的现实政治"歌功颂德"，而是对糟糕的现实政治提出反思和批判。强调伦理学的独立性和批判功能并不是把伦理学与政治对立起来，相反政治和伦理具有相互依存性，政治是利益支配的现实行为，伦理是"善恶是非"的判断思维，根本方向是一致的。"伦理学还应当致力于政治的伦理化和真正合乎道德政治秩序

197

的建立，以自己特有的道义力量引领和提升现实政治。"①

在伦理学的发展过程中，像苏联时期靠各种权势压制伦理学的研究者，无视伦理学的基本性质和道德科学的基本常识，用各种手段强行把某种政治观点规定为"对（善）"或"错（恶）"以获取少数人的政治利益，这些做法与伦理学的学术探索和研究毫不相容，是行不通的。在"以阶级斗争为纲"的年代里，把学术问题说成政治路线问题，动辄上纲上线，乱扣帽子，乱打棍子。这本身就是对伦理学公正原则的最大讽刺。未来的伦理学研究要讲百家争鸣，要允许有不同的学术见解，要尊重差异，允许不同观点的交锋和对话，兼容并包，允许各种伦理学流派的各种理论存在，如是，真理才能越辩越明，中国的伦理学研究才能与全球的伦理价值相融合，才能赶超世界伦理学的先进水平。

第三节　周辅成伦理思想留下的问题

一个哲学家的思想必然是表达他所生活的时代的思想和问题，这样的哲学才是真正的哲学。但是哲学家又是生活在他所处的那个时代现实生活当中的人，纵使他博通古今、才华盖世，也不会不受他所生活在其中的社会政治、经济、文化的影响，从而产生一些局限的认识。在考察了周辅成伦理思想的创见和真知之余，我们注意到周辅成伦理思想也留下一些激励我们进一步思考的问题。

第一，对先秦儒家伦理思想的发掘在系统性方面还有待进一步完善。千百年来，对于儒家思想的研究不胜枚举，不仅如此，历史上诸多

---

① 王泽应. 新中国伦理学研究六十年的发展与启示［J］. 河北学刊，2009，(5)：12.

儒者还在不同程度上创立理论，建立体系，发展了儒学。但像周辅成这样从"人民正义"的立场观点出发，对先秦儒家伦理思想精神进行深入发掘，是绝无仅有。精通中西哲学的周辅成不是要像他的师友们那样构建一个儒家思想的哲学、伦理学体系，也不是简单地综述别人对儒家思想的理解和评价。作为伦理学家，他从一个社会公正的追求者、人民利益的坚持者、人道主义的主张者的角度，对儒家伦理思想特别是先秦儒家伦理思想进行重新审视和解读，并发现其中有益于人类生存和社会成长的人文价值和理念、具有普遍意义的真、善、美的伦理学元素。他试图以独特的视角发掘出隐含在以先秦儒家为代表的优秀人文传统之中、对现代社会尤其是社会主义社会的公正、法治、民主、自由等有积极价值的、利于人的解放与发展的伦理精神，以期对现实社会的伦理学理论和政治学的构建有所借鉴。事实证明，周辅成对儒家伦理思想的诠释和发展是非常成功的。他的研究弘扬了先秦儒家思想的真正的主旨精神，丰富了二十一世纪中国伦理学的内容。他是深知儒家真义的人，也是"士志于道"的典范，具有"知行合一""学命一体"的知识分子的高贵品格。与此同时，也许正是因为他从以上这些宏观的视角着眼，去审视和解读传统儒家思想，使他对以先秦儒家伦理思想为代表的人文精神的优秀传统进行的研究不是十分具体而微，在系统性方面不甚全面。但是，周辅成的研究给后来学者确立了宗旨，指明了方向，并在一些根本问题的具体研究上给学者们做出了榜样。

周辅成把儒家伦理思想看作中国传统文化的一部分，认为研究古代中国哲学、儒家伦理思想的目的不是要重走古人的老路，更不是主张儒教立国。发掘和研究儒家伦理思想是为了找出其思想中合乎理性的、符合人类社会道德发展规律的、具有普遍伦理价值意义的哲学精华，古为今用，为管理现代化国家的提供借鉴，为今天的社会发展和道德进步服务，为人的自由和解放提供思想资源上的支持。在儒家伦理思想的开拓性研究方面，他指出了儒家政治伦理思想的公正性、儒家仁爱思想的人道主义性质、儒家"民惟邦本"的政治原则对现代国家管理的积极意义等。这些真知灼见高屋建瓴，赋予了儒家伦理思想以新的高度和姿态，凸显了儒家伦理思想的人文精神，拉近了儒家伦理思想与现代伦理学的距离，也给后来者进一步研究儒家伦理思想打开更多思路，指明了正确而清晰的方向。然而，似乎与个人的学术风格有关，周辅成没有像他的师友熊十力、牟宗三、唐君毅等那样建立一个较为完整的哲学体系，使得他的有关先秦儒家的伦理思想在系统性上略嫌不足。尽管他所提出的问题都具有鲜明的针对性、在未来的儒家伦理思想的研究和发展中具有前瞻性，但是有一些问题只是点到为止，其结论也略嫌疏阔，缺乏严密而深入的逻辑论证。哲学家缺乏理论建构所带来的问题是，不能很好地以缜密的逻辑形式确立自己的观点和有力反击论敌的观点，使得其思想缺少应有的连贯性和一致性，从而减弱了思想理论的解释性和说服力。周辅成的伦理思想没有十分注重理论构建，这与他本人"述而不作"的学术风格和注重道德实践的个人品质有关，因为他一直认为"理论太灰，践履第一"。他说："真正的伦理学家不在于提出了什么理论模式，关键是要看他所提出的理论模式是否能有效地得以实现，他自己是否也在如此行动。如果都做到了，就是不提出什么系统的理论，也仍然是伟大的道德家。"[1]

第二，作为伦理学基本概念的"人民"的内涵需要进一步的丰富和具体化。周辅成在他的伦理思想论著里使用最多的是"人民"的概念。"人民"是周辅成伦理思想的主体，但对"人民"一词，似乎他并

---

[1] 周辅成. 周辅成文集（卷Ⅱ）[M]. 北京：北京大学出版社，2011：497.

<<< 第六章 周辅成伦理思想的理论实践意义及留下的问题

没有给出一个十分确切的界定，使这个伦理学上意义的"人民"概念与政治学意义上的"人民"概念有所区分。人民是一个内涵十分丰富的概念，其内涵会随着时代和语境的变化而有所变化。从基本属性的角度来看，人民概念既有政治属性又具有社会属性。从人民概念内涵的层次来看，又区分出整体的人民、群体的人民和个体的人民三个层次。尽管伦理学意义上的人民概念与政治学意义上的人民概念在内涵上有诸多的重合，但在多数情况下，由于所使用"人民"概念的时空条件和语境的不同，两种意义的人民概念在内涵上应有所不同。易言之，伦理学意义上的人民概念应该是不同于一般政治意义上的"人民"概念，它应当有其自身特定的内涵。周辅成认为讲伦理学要区分"人民的道德、伦理学"与"老爷的道德、伦理学"[①]，"（伦理学的）最初发生，总是由于被统治的人民对于流行的统治阶级的道德标准或者生活习惯，表示怀疑与反抗。经过怀疑与反抗，而后逐渐自觉地为自己所理想的生活方式，进行理论的阐明"。由此可见，周辅成认为伦理学从本质上就是人民的伦理学，是被统治者的伦理学，而不是统治者伦理学，这是非常有远见的论断。自有政治以来，就有统治者和被统治者，虽然周辅成进一步解释了"人民"概念的所指：就是同族同社会中那些自食其力的体力或脑力劳动者（本书中所使用的"人民"概念一般是在这个意义上的人民），但"人民"一词作为人民伦理学中的主要概念，应当在内涵上进一步丰富和深化，体现出它本身的伦理学意义来，以便在不同的历史条件和语境下使用这一词语的时候，能清晰、准确地表达出文本的真实的意涵，而不至于和政治学意义上的"人民"的含义相混淆。毕竟，在一些特殊的情形下，"人民"这个词常常被一些别有用心的人使用，以此偷

[①] 周辅成.周辅成文集（卷Ⅱ）[M].北京：北京大学出版社，2011：355.

换概念、混淆是非。

另外，现代公民社会里"人民""公民""国民"概念之间是怎样的关系也需要进行深入探讨。这个问题在周辅成的论著里没有论及。在现代社会里，"公民"是一个法律概念，指具有一国国籍，享有该国《宪法》和法律规定的权利，承担相应义务的自然人。"国民"则指拥有国籍的国家主权构成者，即生活在同一宪法下作为立法代议机构主权代表的人的共同体。作为政治学意义上的"人民"，强调的是国家权力的关系。在现代法治社会里，一个人的财富来源只要是合法的，他就有正当的财产权。如果他尽到了一个公民依照《宪法》和法律应尽的义务（比如依法纳税等），那么他在个人平等、自由权利的争取上，所对立的实体是政府。如果按照前述周辅成对"人民"所做的解释，现代公民社会里的纳税人也可理解为"人民"。因此，准确把握周辅成所说的"人民"一词的确切含义特别重要，应当首先清楚它在伦理学意义上的使用与作为政治术语的使用之间的含义变化。在不同的场合和语境的转换中，它的内涵和外延也随之发生改变。按照周辅成"请循其本"的方法分析，"人民"一词所包含的两个字，一个是"人"，另一个是"民"。"人"首先是个社会学、生物学上的概念，所以讲"人民"，首先是人，应具有人的尊严和地位，应当拥有人的基本权利，就要讲人道主义以维护其合理的人性。而这些正是周辅成伦理思想里所强调的人道主义精神，因此，"人民"中"人"字侧重强调的是人民的伦理学意义；关于"民"字，甲骨文里的"民"是一把刀锥刺向眼睛的象形，郭沫若在《奴隶制时代》里解释说这是奴隶被刺瞎一只眼睛以作为奴隶的标记，"无奴派"历史学家黄现璠在《中国历史没有奴隶社会》一书中说，"民"在中国古代多指有别于君主、百官、士大夫以上各阶层的庶民。无论哪种解释，毫无疑问，"民"是社会底层的被统治者，由

第六章 周辅成伦理思想的理论实践意义及留下的问题

此可见,"民"字可以体现"人民"一词的政治学意义,这也是周辅成伦理思想里"以民为本"的基础。中国伦理学的特点是伦理和政治密不可分,所以从两方面考察"人民"一词,能更好地理解和把握它的含义。

需要指出的是,周辅成使用"人民"似乎多侧重于它的集体性含义。好像与他反对把人仅仅看作(社会)生物学上的个体来研究的观点相呼应,这当然是从群体利益出发来研究群体概念的人的伦理学之需要。但是,我们纵观周辅成的伦理思想,实现人的人格自由和个性解放、在道德发展中完善每个自我是他的主导思想之一。对人的个性发展的重视,要落实到每个具体的人,如果仅仅从宏观的方面大而化之地描述,便不能很好地进入微观层次细致考察作为个体的人在社会道德生活中的利益、尊严和地位。因此笔者认为,微观的、个体的人也要研究,它不仅是人学研究,也应当是伦理学研究的重要方面。

第三,在对人性论与阶级论之间关系的认识上给学者们留下了进一步思考的空间。在"以阶级斗争为纲"的思维方式统治着人们的伦理道德观念的时期,谈论人道主义对人们来说是一件非常危险的事情,被视为"大逆不道"和"犯罪"。然而,在周辅成看来,谈论人道主义就是对正义的坚持,这表现出周辅成不惧压力、坚持真理的可贵品质。在"以阶级斗争为纲"的年代里,由于人性论、人道主义是所谓"资产阶级思想"的代名词,人们谈"人"色变。俞可平曾在一篇文章中指出,自新中国成立以来,中国即不承认人性、人权和人道主义,同时大搞阶级斗争,使阶级划分和阶级斗争的观念"进入社会的每个角落,直至进入家庭,进入工厂,进入学校"。结果导致"我国传统的优秀道德被许多人遗弃了,人与人之间的温情、友爱和信任开始丧失",人们正常的情感和心理被严重扭曲。① 甚至于在改革开放很多年后,讲人道和人道主义仍然会被视为政治错误,并会受到公开批判。周辅成是在新中国成立以后的中国大陆较早地谈论人性论的伦理学家。20世纪60年代,他就利用编书的时机,条分缕析地讲清楚了当时人们避谈且并不为多数人所了解的西方人性论、人道主义的演进历史,并且指出人道主义是文艺复兴以来欧洲反对封建制度、反对专制独裁的产物,并阐明了其所具有的历史进步性。80年代的人道主义大讨论时,他写了《论人和人的解放》《谈关于人道主义讨论中的问题》等文章,表明了一个社会主义人道主义者的观点和立场。在后来的学术生涯里,有关人道主义、人性论的思想贯穿在他的各类著述中,甚至他认为儒家思想就是一种人道主义,这些都说明了周辅成对人道主义和人性论问题认识的深刻性。

在诸多的论述中,他常常从普遍人性的角度对人性进行描述和判断,在讲人性论与阶级论的关系时,他也认为讲人性论时不能丢掉阶级论。周辅成在《论人和人的解放》一文中,之所以坚持认为讲人性论时不能丢掉阶级论,是因为他力图"站在劳动人民一边为他们的阶级利益进行辩护或者解释:我们自己不能因为有人利用劳动人民之名,我们便不为劳动人民的阶级利益讲话。我们仍应该参加劳动人民的队伍,为'大老粗''土包子'讲几句公道话,正如民主、自由,甚至个人主义(译为个性主义也许更恰当),被资产阶级利用过,我们便抛弃不用,甚至斥为反动词语,只怕也是错了"。② 在今天看来,当时在尚有"以阶级斗争为纲"余风的政治环境下(此文写于1982年),周辅成能说出这番话已是相当不易。以斯大林时代的苏联为例,从马克思主义阶级分析的观点看,在个人专权的条件下,权力得不到有效的监督和制

---

① 俞可平. 思想解放与政治进步[N]. 北京日报, 2007, 09, 17.
② 周辅成. 周辅成文集(卷Ⅱ)[M]. 北京:北京大学出版社, 2011:120.

约，同一阶级内部所产生的特权阶层有时候比起与之对立的阶级对劳动人民的根本利益的损害有过之而无不及。由此可见，他以阶级论的观点主张人道主义、个人主义，其根本目的仍然是坚持他的伦理思想的宗旨——维护广大劳动人民的根本利益。

事实上，自从20世纪70年代末改革开放以来，人们对于人性的认识和观念在慢慢发生着改变。越来越多的学者认同人性与阶级性是可分开来谈论的。同时，我国政府对"人性"认识的态度也有所转变。20世纪90年代初，由于改革开放的原因，我国面临与国际通行的人权观念相交流和交锋的问题，国内报刊上也开始谈论起中国的"人权"问题。2004年，中国政府顺应世界潮流，第一次把保护"公民人权"（这里是"公民"而不是"人民"）的内容写进宪法。2008年，在汶川地震、奥运会准备期间，中国政府把"人性"观念作为重要的关键词融进奥运会的主题，在公开宣传"人性"观念的基础上，提出了"同一个世界，同一个梦想"的口号。这是新中国成立后我们党第一次公开主张：不分阶级、民族和国家，大家共同追求同一个梦想。与同时代的其他思想家相比，周辅成在思想的启蒙性和预见性方面已经远远超出了很多人。他从人道主义的角度来考察西方不同时代的伦理思想，进而把真知灼见应用于对儒家伦理的分析。

最后，周辅成的伦理思想还在某些具体方面留下一些问题，这些问题给后来的伦理学研究者提供了广阔的探讨空间。例如，周辅成的伦理思想里较少从制度的层面考察伦理学问题，在《论董仲舒思想》里，周辅成对董仲舒思想的批评很多，但是对于这样的问题着墨不多：在制度层面上，儒家思想应当如何与政治结合才能产生既给百姓带来福祉又能实现儒家政治理想的效果？这其实也是个儒家思想的现代转化问题。董仲舒思想是儒家思想与专制政治制度结合的成果，从建立形而上的天的哲学开始，重新解说了天人合一，并给儒家的伦理道德找到形上依据，达到对儒家一些思想精神的实现。虽然董仲舒思想维护了社会秩序的稳定，但从客观上产生的社会效果看，合理的人性反而受到更多的压制。关于这一问题，我们可以有更多的思索余地：如果儒家思想与政治结合，那么在制度层面这一结合应该采取怎样的方式呢？等等。这些问题也正是现代新儒家们所面临的主要问题。在与周同时代的现代新儒家当中，无论以理论体系的建树而见长的牟宗三、唐君毅，还是主张消弭儒家哲学思想的形上学的徐复观，都有把儒家思想与现实政治相融合以求解决儒家思想的现代转化问题的意图倾向。毕竟这些问题是所有现代新儒家所要共同解决的重大问题，我们不能苛求像周辅成这样一个哲学家或伦理学家给出一个尽善尽美的答案。这些问题是后来者继续努力探索的方向。

结　语

　　作为当代著名哲学家、伦理学家的周辅成先生，其学术思想贯通中西、游刃古今。他可贵的理论贡献在于立足于深厚的中华传统文化，以西方伦理价值观念中反映人类社会道德规律的理论精华来解读和诠释中国古代先秦儒家伦理思想的人文精神。他如此阐释儒家伦理思想：以人道主义看待"民本"，以社会公正为根本诠释先秦儒家的政治理想，以启蒙社会责任的担当意识理解儒家知识分子的历史使命，使古老的先秦儒家思想精粹完成了在现代社会政治制度、经济制度下的超越。他所强调的问题是先秦儒家思想内核中合乎人类理性、人道精神、中国人道德进步的伦理思想应当也必须发扬光大。像"己所不欲勿施于人"这样的"金规则"早已跨越民族、种族的界限，彰显人类普遍价值、闪耀着人性的光辉。周辅成不仅仅把这些思想看作中华文明的宝贵遗产，更是儒家为人类社会的文明与道德做出的贡献。在周辅成治学的方法里有一个"请循其本"，《汉书·艺文志》曰："儒家者流，盖出于司徒之官，助人君顺阴阳明教化者也。游文于六经之中，留意于仁义之际，祖述尧、舜，宪章文、武，宗师仲尼，以重其言，于道最为高。"那么循其根本，这一宝贵遗产就是先秦儒家思想的"道"。

　　现代新儒家牟宗三把儒家哲学与康德哲学相通融，力图建立起儒家的道德形而上学,而唐君毅从人的心灵境界开始,通过"道德自我之建立""行仁义",而后通天地、合内外、贯通人我,凭道德自我的"三向""九境"以窥"人极",建立起健全的儒家人道主义哲学。同他们相比较,周辅成更多地把哲思的目光投入现实中人民大众真实的生存状态,他对先秦儒家精神进行了新的诠释,把儒家思想的精髓放在世界文明的大背景下,考察其本身所具有的公正性和人道主义精神,以显现人的生命和价值的意义。从这一对比中可以看出,周辅成把思想的聚集点放在先秦儒家思想的源头,从中寻找符合人民大众道德理想和道德追求的伦理学规律。如果说牟、唐二人的儒家哲学是"为天地立心"的话,则周辅成对先秦儒家伦理思想的发掘和阐释就是"为生民立命"。

他的伦理思想始终有一个主旨精神:在实践上建立人民利益至上的人民的伦理学。人存在于社会之中,众人之事需要管理、人需要有信仰和灵魂的皈依等观念自然地投射于人的精神世界,因此人常常被称为"政治动物""宗教动物"。周辅成说人同时又是"道德动物",因为道德生活是每个人的事,道德情操、道德境界是推动人类社会走向更美好未来的必要因素。他主张建立的新伦理学就是普通的人民的道德行为之学,而不是只讲少数人的"英雄"伦理学或者"天使"伦理学。他提出21世纪的中国伦理学要把公正放在伦理范畴的首要位置,因为有了现实的不公正,才显示出公正的重要性。他讲人道主义,是基于对平民百姓的人格价值和人格尊严的尊重。伦理学不是万能的,不是有了道德主张或者道德理论,社会道德风气就会变好,但是伦理学必须是人民道德实践的伦理学,只有这样的伦理学才是真正有益于人民的道德培养和人民道德生活的伦理学。

知识分子的命运往往和时代的发展密切相关,思想家、哲学家尤其是如此，因为其本身内在的责任感和忧患意识促使他们必然对社会历史在发展过程中所产生的各种问题进行深刻思考，并试图找出解决问题的最好方案。一个真正的哲学家思想确立和形成的过程也是其人格品质建立的过程。在人们的印象中，周辅成先生似乎是以西学著称，其实他的学术思想是中西哲学融通的结晶。透过他对先秦儒家人文精神的阐释和对董仲舒、戴震等思想家的思想所进行的评析来看，他仍是中国传统意义上的哲学家、伦理学家，饱含"先天下之忧而忧"的情怀，秉承先秦儒家"士志于道""守死善道"的精神。因此，从这个意义上说，周辅成是20世纪中国主张人民伦理学的哲学家，也是一位"为生民立命"的新儒家。1996年周辅成在自己的论文集《论人和人的解放》的后记中这样写道："我佩服古往今来站在人民一边，捍卫人民的权利与人格的有良心的志士们的气节与灵魂。我手中只有半支白粉笔和一支破笔，但还想用它来响应这些古今中外贤哲们的智慧和勇敢，向他们致敬。"[1] 而今，面对这位人民的伦理学家在学术上留下的宝贵精神财富和在道德上所留下的高尚人格品质，我们在内心早已把先生置身于他所敬佩的古今中外贤哲们的行列了。

---

[1] 周辅成. 论人和人的解放 [M]. 北京：华东师范大学出版社，1997：524.

参考文献

一、著作类

［1］周辅成. 周辅成文集（卷Ⅰ，卷Ⅱ）［M］. 北京：北京大学出版社，2011.

［2］周辅成. 西方伦理学名著选辑（上卷）［M］. 北京：商务印书馆，1964.

［3］周辅成. 西方伦理学名著选辑（下卷）［M］. 北京：商务印书馆，1987.

［4］周辅成. 从文艺复兴到十九世纪资产阶级哲学家政治思想家有关人道主义人性论言论选辑［M］. 北京：商务印书馆，1966.

［5］北京大学西语系资料组. 从文艺复兴到十九世纪资产阶级文学家艺术家有关人道主义人性论言论选辑［M］. 北京：商务印书馆，1971.

［6］周辅成，编. 西方著名伦理学家评传［M］. 上海：上海人民出版社，1987.

［7］周辅成. 论人和人的解放［M］. 上海：华东师范大学出版社，1997.

［8］周辅成. 论董仲舒思想［M］. 上海：上海人民出版社，1961.

[9] 周辅成. 戴震的哲学 [M]. 武汉：湖北人民出版社，1957.

[10] 赵越胜. 燃灯者：忆周辅成 [M]. 长沙：湖南文艺出版社，2011.

[11] [古希腊] 柏拉图. 柏拉图全集（第一卷）[M]. 王晓朝，译. 北京：人民出版社，2002.

[12] [古希腊] 柏拉图. 理想国 [M]. 郭斌和，张竹明，译. 北京：商务印书馆，1986.

[13] [古希腊] 亚里士多德. 形而上学 [M]. 吴寿彭，译. 北京：商务印书馆，1997.

[14] [古希腊] 亚里士多德. 政治学 [M]. 吴寿彭，译. 北京：商务印书馆，1965.

[15] [古希腊] 亚里士多德. 尼各马可伦理学 [M]. 邓安庆，译. 北京：人民出版社，2010.

[16] [美] 约翰·罗尔斯. 正义论 [M]. 何怀宏，等，译. 北京：商务印书馆，1988.

[17] [美] 乔治·萨拜因. 政治学说史 [M]. 邓正来，译. 上海：上海人民出版社，2010.

[18] [德] 康德. 历史理性批判文集 [M]. 何兆武，译. 北京：商务印书馆，1991.

[19] [德] 康德. 康德书信百封 [M]. 李秋零，编译. 上海：上海人民出版社，1992.

[20] [德] 康德. 实践理性批判 [M]. 韩水法，译. 北京：商务印书馆，2005.

[21] [英] 休谟. 人性论 [M]. 关文运，译. 北京：商务印书馆，1980.

[22] [英] 边沁. 道德与立法原理导论 [M]. 时殷弘, 译. 北京: 商务印书馆, 2000.

[23] [英] 霍布斯. 利维坦 [M]. 黎思复, 译. 北京: 商务印书馆, 1985.

[24] [英] 亚当·斯密. 道德情操论 [M]. 蒋自强, 译. 北京: 商务印书馆, 1997.

[25] [英] 约翰·阿克顿. 自由史论（修订版）[M]. 胡传胜, 等, 译. 南京: 译林出版社, 2012.

[26] [美] 阿拉斯代尔·麦金泰尔. 伦理学简史 [M]. 龚群, 译. 北京: 商务印书馆, 2003.

[27] [美] 阿拉斯代尔·麦金泰尔. 追寻美德 [M]. 宋继杰, 译. 北京: 商务印书馆, 2003.

[28] [美] 汤姆·L. 彼彻姆. 哲学的伦理学 [M]. 雷克勤, 等, 译. 北京: 中国社会科学出版社, 1999.

[29] 北京大学哲学系外国哲学史教研室编译. 古希腊罗马哲学 [M]. 北京: 商务印书馆, 1982.

[30] 十三经注疏（上、下）[M]. 上海: 上海古籍出版社, 1997.

[31] 方东美. 方东美文集 [M]. 武汉: 武汉大学出版社, 2013.

[32] 梁漱溟. 中国文化要义 [M]. 上海: 学林出版社, 1987.

[33] 唐君毅. 道德自我之建立 [M]. 台北: 台湾学生书局, 1985.

[34] 牟宗三. 康德的道德哲学 [M]. 长春: 吉林出版集团有限责任公司, 2013.

[35] 牟宗三. 圆善论 [M]. 长春: 吉林出版集团有限责任公司, 2010.

[36] 牟宗三. 中国哲学的特质 [M]. 上海: 上海古籍出版

社,1997.

[37] 徐复观. 学术与政治之间 [M]. 上海: 华东师范大学出版社, 2009.

[38] 徐复观. 两汉思想史 (第1卷) [M]. 上海: 华东师范大学出版社, 2001.

[39] 徐复观. 中国人性史论·先秦篇 [M]. 上海: 上海三联书店, 2001.

[40] 张岱年. 中国伦理思想研究 [M]. 上海: 上海人民出版社, 1989.

[41] 张岱年. 中国哲学大纲 [M]. 北京: 中国社会科学出版社, 1982.

[42] 康有为. 大同书 [M]. 北京: 北京古籍出版社, 1956.

[43] 韦政通. 董仲舒 [M]. 台北: 台湾东大图书公司, 1986.

[44] 韦政通. 中国哲学思想批判 [M]. 台北: 水牛出版社, 1986.

[45] 韦政通. 儒家与现代化 [M]. 台北: 水牛出版社, 1986.

[46] 秦家懿. 王阳明 [M]. 台北: 台湾东大图书公司, 1987.

[47] 张岱年. 中国哲学大纲 [M]. 北京: 中国社会科学出版社, 1982.

[48] 李泽厚. 中国现代思想史论 [M]. 北京: 生活·读书·新知三联书店, 2008.

[49] 万俊人. 现代西方伦理学史 [M]. 北京: 北京大学出版社, 1990.

[50] 万俊人. 寻求普世伦理 [M]. 北京: 商务印书馆, 2001.

[51] 王海明. 新伦理学 [M]. 北京: 商务印书馆, 2008.

[52] 刘泽华. 先秦政治思想史 [M]. 天津: 南开大学出版

社，1984.

[53] 金观涛，刘青峰. 观念史研究——中国现代重要政治术语的形成 [M]. 北京：法律出版社，2009.

[54] 郭齐勇. 儒学与儒学史新论 [M]. 台北：台湾学生书局，2002.

[55] 郭齐勇. 郭齐勇自选集 [M]. 南宁：广西师范大学出版社，1999.

[56] 方克立，李锦全. 现代新儒家学案（下卷）[M]. 北京：中国社会科学出版社，1995.

[57] 储昭华. 明分之道——从荀子看儒家文化与民主政道融通的可能性 [M]. 北京：商务印书馆，2007.

[58] 储昭华. 何以安身与逍遥——庄子"虚己"之道的政治哲学解析 [M]. 北京：商务印书馆，2020.

[59] 田文军. 近世中国的儒学与儒家 [M]. 北京：人民出版社，2012.

[60] 陈鼓应. 老子注译及评介 [M]. 北京：中华书局，1984.

[61] 周振甫. 周易译注 [M]. 北京：中华书局，1994.

[62] 李维武，编. 徐复观文集（第五卷）[M]. 武汉：湖北人民出版社，2009.

[63] 李维武. 徐复观学术思想评传 [M]. 北京：北京图书馆出版社，2001.

[64] 刘小枫，陈少明. 康德与启蒙——纪念康德逝世二百周年 [M]. 北京：华夏出版社，2004.

[65] 赵敦华. 西方哲学简史 [M]. 北京：北京大学出版社，2001.

[66] 陈来. 古代宗教与伦理——儒家思想的根源 [M]. 北京：生

活·读书·新知三联书店, 1996.

[67] 蒋庆. 政治儒学 [M]. 北京: 生活·读书·新知三联书店, 2003.

[68] 陈少明. 儒学的现代转折 [M]. 辽宁大学出版社, 1992.

[69] 何信全. 儒学与现代民主 [M]. 北京: 中国社会科学出版社, 2001.

[70] 韦政通. 伦理思想的突破 [M]. 成都: 四川人民出版社, 1988.

[71] 肖滨. 传统中国与自由理念——徐复观思想研究 [M]. 广州: 广东人民出版社, 1999.

[72] 哈佛燕京学社, 主编. 儒家与自由主义 [M]. 北京: 生活·读书·新知三联书店, 2001.

[73] 方东美. 中国人生哲学概要 [M]. 台北: 文学出版社, 1984.

[74] 赵敦华. 人性和伦理的跨文化研究 [M]. 哈尔滨: 黑龙江人民出版社, 2003.

[75] 王雨辰, 等. 人学与现代化 [M]. 南宁: 广西人民出版社, 2003.

[76] 钱穆. 人生十论 [M]. 台北: 东大图书公司, 1985.

[77] [日] 小仓志祥. 伦理学概论 [M]. 吴潜涛, 译. 北京: 中国社会科学出版社, 1990.

[78] 林火旺. 伦理学入门 [M]. 上海: 上海古籍出版社, 2005.

[79] 余英时. 中国思想传统的现代诠释 [M]. 南京: 江苏人民出版社, 1998.

[80] 黄寿祺, 张善文, 译注. 周易译注 [M]. 上海: 上海古籍出版社, 2007.

[81] 廖名春. 《周易》经传十五讲 [M]. 北京: 北京大学出版社,

2012.

[82] 杨伯峻,译注.论语译注[M].北京:中华书局,2009.

[83] 杨伯峻,译注.孟子译注[M].北京:中华书局,2005.

[84] 黄怀信,注训.尚书注训[M].济南:齐鲁书社,2009.

[85] 梁启雄.荀子简释[M].北京:中华书局,1983.

[86] 江灏,等译.今古文尚书全译[M].贵阳:贵州人民出版社,2009.

[87] 高明.帛书老子校注[M].北京:中华书局,1996.

[88] 楼宇烈.王弼集校释[M].北京:中华书局,1980.

[89] 孙诒让.墨子闲诂[M].北京:中华书局,1954.

[90] 程树德.论证集释:四部要籍注疏丛刊(中)[M].北京:中华书局,1988.

[91] 钱穆.论语新解[M].北京:生活·读书·新知三联书店,2005.

[92] 司马迁.史记:第五卷[M].北京:中华书局,1959.

[93] 苏舆.春秋繁露义证[M].钟哲,点校.北京:中华书局,1992.

[94] 宫晓卫,注译.孝经注译[M].济南:齐鲁书社,2009.

[95] 程颢,程颐.二程集[M].北京:中华书局,1981.

[96] 王守仁.王阳明全集[M].吴光,等编校.上海:上海古籍出版社,2012.

[97] 许慎.徐铉,校.说文解字[M].北京:中华书局,2009.

[98] 王先谦.荀子集解[M].上海:上海书店,1986.

[99] 田文军.冯友兰传[M].北京:人民出版社,2003.

[100] 胡治洪.全球语境中的儒家论说——杜维明新儒学思想研究

[M]．北京：生活·读书·新知三联书店，2004.

[101] 胡适．中国哲学史大纲（上卷）[M]．北京：中华书局，1991.

[102] 邓晓芒．思辨的张力[M]．长沙：湖南教育出版社，1992.

[103] [德] 马克思．1844年经济学哲学手稿[M]．中央编译局，译．北京：人民出版社，2000.

[104] 牟宗三．中西哲学之会通十四讲[M]．上海：上海古籍出版社，1997.

[105] 雷红霞．西方哲学中人学思想研究[M]．武汉：湖北人民出版社，2005.

[106] [美] 雅克·P. 蒂洛，基思·W. 克拉斯曼．伦理学与生活[M]．程立显，刘建，等译．北京：世界图书出版公司，2008.

[107] 郭齐勇．中国哲学史[M]．北京：高等教育出版社，2006.

[108] 黄建中．比较伦理学[M]．济南：山东人民出版社，1998.

[109] 冯友兰．中国哲学史（上册）[M]．上海：华东师范大学出版社，2000.

[110] 朱熹．四书集注[M]．北京：中国书店，1994.

[111] 杜维明．新加坡的挑战——新儒家伦理与企业精神[M]．北京：生活·读书·新知三联书店，1989.

[112] 李泽厚．中国古代思想史论[M]．北京：生活·读书·新知三联书店，2009.

[113] 金岳霖．知识论[M]．北京：商务印书馆，1983.

[114] [荷] 斯宾诺莎．伦理学[M]．贺麟，译．北京：商务印书馆，1958.

[115] 林安梧．儒学与中国传统社会的哲学省察[M]．台北：幼狮出版公司，1996.

[116] 邓晓芒. 中西文化视域中真善美的哲思[M]. 哈尔滨：黑龙江人民出版社，2004.

[117] 钱穆. 国史大纲[M]. 上海：商务印书馆，1940.

[118] 冯友兰. 三松堂全集（第四卷）[M]. 郑州：河南人民出版社，2000.

[119] [美] 成中英. 论中西哲学精神[M]. 北京：东方出版中心，1996.

[120] [美] 杜维明. 论儒学的宗教性[M]. 段德智，译. 武汉：武汉大学出版社，1999.

[121] 张载. 张载集[M]. 北京：中华书局，1978.

[122] 徐复观. 中国思想史论续集[M]. 上海：上海书店出版社，2004.

[123] 钱穆. 朱子新学案（第一册）[M]. 台北：三民书局，1971.

[124] 傅佩荣. 儒家哲学新论[M]. 台北：业强出版社，1993.

[125] 陆建猷. 中国哲学（上、下卷）[M]. 上海：上海三联书店，2014.

二、论文类

[1] 龙希成. 周辅成伦理思想摄义[J]. 邯郸学院学报，2006（4）.

[2] 孙鼎国. 周辅成先生人学思想管窥[J]. 邯郸学院学报，2006（4）.

[3] 康香阁，周辅成. 伦理学大师周辅成先生访谈录[J]. 邯郸学院学报，2006（4）.

[4] 陈增辉. 儒家民本思想源流[J]. 中州学刊，2000（3）.

[5] 戴茂堂,黄妍. 论西方公正思想的逻辑进程 [J]. 唐都学刊, 2013 (4).

[6] 王海明. 为什么公正的价值比仁爱宽恕无私更重要 [N]. 学习时报, 2007-12-31.

[7] 张灏. 中国近代转型时期的民主观念 [J]. 二十一世纪, 1993 (8).

[8] 崔宜明. 论公正 [J]. 伦理学研究, 2004 (4).

[9] 杜丽燕. 重思西方人道主义的嬗变 [J]. 华东师范大学学报(哲学社会科学版), 2014 (3).

[10] 高培华. 子夏的孔门求学时期 [J]. 史学月刊, 2004 (9).

[11] 俞可平. 思想解放与政治进步 [N]. 北京日报, 2007-09-17.

[12] 王海明. 人道新探 [J]. 玉溪师范学院学报, 2007 (2).

[13] 王泽应. 新中国伦理学研究六十年的发展与启示 [J]. 河北学刊, 2009 (3).

[14] 陶涛,李季璇,申巍,詹莹莹. 中国伦理学的过去,现在与未来——万俊人教授访谈录 [J]. 伦理学研究, 2010 (3).

[15] 赵修义. 周辅成先生与人道主义大讨论 [J]. 探索与争鸣, 2014 (1).

[16] 邵明. 周辅成与唐君毅:健全的人和健全的人道主义 [J]. 宜宾学院学报, 2013 (10).

[17] 牟成文. 从"天人合一"的源处追寻其原初价值意义——兼评西汉大儒董仲舒的天人观 [J]. 江汉论坛, 2005 (7).

[18] 李振宏. 先秦时期"社会公正"思想探析 [J]. 广东社会科学, 2005 (6).

[19] 刘白明. 近十年来中国古代公正思想研究综述 [J]. 史学月

刊，2009（6）.

[20] 杨国荣."公"与"正"及公正观念——兼辨"公正"与"正义"[J]. 天津社会科学，2011（5）.

[21] 钟民援，亓光. 公正思想的历史演进 [J]. 华中师范大学学报（人文社会科学版），2008（3）.

[22] 李振宏. 两汉时期的社会公正思想 [J]. 东岳论丛，2005（3）.

[23] 邵龙宝. 中西比较视域中的儒学公正思想及其现代转化 [J]. 上海师范大学学报（哲学社会科学版），2012（5）.

[24] 陈戈寒，梅珍生. 论道家正义观的内在因素 [J]. 江汉论坛，2006（11）.

[25] 颜炳罡. 义何以保证 [J]. 孔子研究，2011（1）.

[26] 张志伟. 启蒙、现代性与传统文化的复兴 [J]. 中国人民大学学报，2015（4）.

[27] 廖申白. 西方正义概念：嬗变中的综合 [J]. 哲学研究，2002（11）.

[28] [韩] 金圣基. 儒教伦理学与二十一世纪 [C]. 第三届世界儒学大会论文集，2010.

[29] 杨国荣. 儒家的形上之思 [J]. 浙江学刊，2004（4）.

[30] 程立显. 康德论社会公正 [J]. 党政干部学刊，2011（5）.

[31] 孟庆时.《西方社会公正思想》（英文版）感言 [J]. 道德与文明，2001（5）.

[32] 郑少翀. 论儒学中"自由"的向度及其得失 [J]. 孔子研究，2001（4）.

[33] 任剑涛. 尊严、境界与德性——儒家人学三论 [J]. 中国哲学史，2000（4）.

[34] 吴忠民. 论公正的初次分配规则 [J]. 文史哲, 2004 (2).

[35] 易建平. 论古代民主与专制的定义问题 [J]. 史学理论研究, 2003 (2).

[36] 张跃. 汉武帝时期: 中国封建专制制度的全面确立 [J]. 兰州大学学报（社会科学版）, 2008 (5).

[37] 刘泽华, 刘丰. 礼学与等级人学 [J]. 河北学刊, 2001 (4).

[38] 林毓生. "西体中用论"与"儒学开出民主"说评析 [J]. 东方文化, 2002 (6).

[39] 倪梁康. "全球伦理"的基础——儒家文化传统问题与"金规则"[J]. 江苏社会科学, 2002 (1).

[40] 罗文东. 20世纪中国人道主义的历史命运和现实意义 [J]. 首都师范大学学报（社会科学版）, 2003 (5).

[41] 刁世存. 20世纪中国社会人道主义思潮的历史轨迹 [J]. 天中学刊, 2004 (6).

[42] 裴勇. 关于人道主义和异化问题的争论及其当代启示——纪念人道主义和异化问题争论三十周年 [J]. 中共南京市委党校学报, 2013 (4).

[43] 任春晓. 六十年来"人"的成长历程探讨——从"政治解放"到"以人为本"[J]. 浙江社会科学, 2009 (9).

[44] 崔秋锁. 马克思人道主义的哲学解读 [J]. 社会科学辑刊, 2014 (2).

[45] 罗文东. 人道主义与马克思主义、社会主义 [J]. 科学社会主义, 2004 (6).

[46] 向世陵. 儒家人文精神与快乐境界 [J]. 河北学刊, 2006 (4).

[47] 单继刚. 人道主义与唯物史观的相容性分析——以20世纪80

年代的人道主义讨论为背景[J]. 哲学动态, 2013 (1).

[48] 罗文东. 社会主义人道主义: 科学内涵与现实意义[J]. 江汉论坛, 2005 (11).

[49] 付长珍. 生生之境——方东美的生命理想[J]. 齐鲁学刊, 2008 (3).

[50] 章海山. 信念坚贞大师典范——纪念周辅成先生诞辰一百周年[J]. 伦理学研究, 2011 (3).

[51] 裴德海. 中国社会主义视域内人道主义的面向[J]. 东岳论丛, 2011 (11).

[52] 赵敦华. 理想与启蒙运动[J]. 天津社会科学, 2007 (5).

[53] 阎润鱼. 比较视野下的新启蒙运动[J]. 中国人民大学学报, 2003 (6).

[54] 韩水法, 丁耘, 马德普, 马敏. 比较视阈下的启蒙[J]. 中国社会科学 (哲学社会科学版), 2014 (2).

[55] 李翔海. 从"内圣外王"到"批判精神"——略论第三代新儒家的新动向[J]. 河北大学学报, 1994 (3).

[56] 魏义霞. 戴震的人性哲学及其启蒙意义[J]. 燕山大学学报 (哲学社会科学版), 2012 (1).

[57] 尚杰. 重识"划过光明的黑暗"——反思当代中国启蒙困境[J]. 探索与争鸣, 2015 (1).

[58] 李秋零. 康德与启蒙运动[J]. 中国人民大学学报, 2010 (6).

[59] 赵林. 理性与信仰在西方启蒙运动中的张力[J]. 社会科学战线, 2011 (9).

[60] 汪学群. 王阳明《传习录》知行合一说新探[J]. 南昌大学学报, 2014 (2).

[61] 姚中秋. 中国式启蒙观:《周易》"蒙"卦义疏 [J]. 政治思想史, 2013 (3).

[62] 何晓明. 中国文化与欧洲启蒙运动——兼论东西方文化交流的若干通则 [J]. 社会科学战线, 1997 (3).

[63] 王雨辰. 人道主义, 还是反人道主义——评西方马克思主义视阈中的马克思主义和人道主义的关系 [J]. 青海社会科学, 2004 (4).

[64] 陈桂生. 略论孔子的"君子儒"之教 [J]. 河北师范大学学报(教育科学版), 2009 (11).

[65] 刘仲子. 孔子思想是春秋时期自由民思想的卓越代表 [J]. 河南大学学报(社会科学版), 1991 (4).

后 记

本书是在本人的博士毕业论文的基础之上加以修改完善而成的。

书稿的整理，让我的思绪拉回到十年前珞珈山下景色醉人的武汉大学哲学学院。读博期间，我协助导师编纂《周辅成文集》，这个偶然的机会让我接触了周先生的著作。周辅成先生的论著所具有的博大理论气象和精深学术思想，给我的精神世界带来了巨大震撼。后又通过《燃灯者——忆周辅成》一书，进一步领略了在两代学人精神相续、学术思想薪火相传的过程中，一代大师周辅成先生为人、为学、为师的风骨和情怀。于是，我决定把周辅成伦理思想研究作为我的毕业论文选题。当我向导师储昭华教授谈及我的想法时，他说他亦有此意，这真是机缘巧合。

写作之初，怀着对周先生的仰慕和敬佩，带有一种"舍我其谁"的使命感，我收集、研读了周辅成不同时期的大量思想文献和研究成果，觉得踌躇满志。但在后来持续的写作过程中，我越来越认识到做好周辅成伦理思想研究工作绝不是一件轻而易举的事情。它牵涉到周辅成伦理思想主题的确立、内容的划分、内涵的诠释、特色的归纳、理论和实践意义的总结等重要问题，遂感到关系重大、任务艰巨。于是，便发愤忘食，不敢懈怠。两三年间，查阅资料、研读文献、深夜笔耕的个中滋味，唯有自知。论文写作的整个过程中，业师储昭华教授悉心指导，倾注了大量心血。从选题、开题、写作到定稿，每一个环节的完成都得益于储老师的修改意见和建议。对于我来说，储老师又何尝不是《燃灯者》一书作者笔下的"辅成先生"呢？

拙著的出版又得益于诸多师友的帮助。闻说本书即将出版，储老师欣然于百忙之中拨冗作序，此鞭策后进之举令学生深怀敬意。毕业论文修改期间，就周辅成先生学术风格的有关问题，我还专门求教于郭齐勇、田文军两位教授，二位先生学术上的博雅及其大家风范，令人仰望。除了感谢伦理学专业的张传有教授、陈江进教授、方永教授、李勇教授等在专业上的教导，还要感谢中国哲学专业的丁四新教授（现于清华大学任教）、李维武教授、吴根友教授、刘乐恒副教授等老师，以及西方哲学专业的赵林教授、曾晓平教授等老师。他们的教诲开阔了我的学术视野，他们身上所共同拥有的博大而恢宏的珞珈学术品质和学术气象，让我受益终身。在毕业论文评审和答辩过程中，我还得到王雨辰教授、戴茂堂教授、雷红霞教授的指导。感谢他们，正是他们的修改建议使本书在各方面趋于完善。在毕业论文的写作过程中，也得到同门学友的多方帮助，感谢张晓明博士、赵志坚博士、谢胜旺博士、汤波兰博士、谭研博士、幸玉芳博士、李晓哲博士等。在后期的书稿整理和修改过程中，还得到我的同事石海云老师以及光明日报出版社编辑老师的大力相助，这里一并表示感谢。

感谢我的家人邢伟女士的理解和支持。

在本书写作过程中，我参阅和引用了很多国内外学者关于周辅成伦理思想的研究成果，以及周先生的门人、亲人的回忆录及纪念性资料，受益及掠美之处不及详说，唯有表达诚挚谢忱。周辅成伦理思想博大精深，对其方方面面的深入研究可谓是道远而任重，远非薄薄的一本小书所能尽及。唯愿本书的出版能抛砖引玉，促动更多学者研究和弘扬周辅成伦理思想及其真义。由于水平有限，书中一定会有不少错谬、疏漏之处，恳请大方之家不吝批评指正。

王毅真

2022 年 7 月于新乡